高等职业教育校企合作系列教材·大数据技

Hive 数据仓库技术与应用

朱晓彦 方明清 李 强 主编

中国铁道出版社有限公司
CHINA RAILWAY PUBLISHING HOUSE CO., LTD.

内 容 简 介

本书是大数据技术与应用专业校企合作系列教材之一,采用模块化的编写思路,内容包括 Hive 概述、环境准备、Hadoop 搭建和配置、安装 Hive 的基础操作、HiveQL 的数据定义、HiveQL 语句、Hive 综合应用 7 个单元和 25 个教学任务。每个单元通过学习目标引出单元的教学核心内容,明确教学任务。每个任务的编写分为任务目标、知识学习、任务实施、同步训练 4 个环节。最后通过单元小结回顾每个单元的学习重点。

本书适合作为高职院校软件技术、大数据技术及应用专业,以及计算机类相关专业的教材,也可以作为 Hive 爱好者的参考用书。

图书在版编目(CIP)数据

Hive 数据仓库技术与应用/朱晓彦,方明清,李强主编.—北京:中国铁道出版社有限公司,2020.9(2022.1重印)
高等职业教育校企合作系列教材.大数据技术与应用专业
ISBN 978-7-113-27194-7

Ⅰ.①H… Ⅱ.①朱…②方…③李… Ⅲ.①数据库系统-高等职业教育-教材 Ⅳ.①TP311.13

中国版本图书馆 CIP 数据核字(2020)第 156616 号

书　　名：**Hive 数据仓库技术与应用**

作　　者：朱晓彦　方明清　李　强

策　　划：翟玉峰　　　　　　编辑部电话：(010)83517321

责任编辑：翟玉峰　李学敏

封面设计：郑春鹏

责任校对：张玉华

责任印制：樊启鹏

出版发行：中国铁道出版社有限公司(100054,北京市西城区右安门西街 8 号)

网　　址：http://www.tdpress.com/51eds/

印　　刷：三河市航远印刷有限公司

版　　次：2020 年 9 月第 1 版　2022 年 1 月第 3 次印刷

开　　本：787 mm×1 092 mm 1/16　印张：14.75　字数：348 千

书　　号：ISBN 978-7-113-27194-7

定　　价：45.00 元

前言

Hive 基于 Hadoop 环境进行存储，Hadoop 目前只能依托于 Linux 系统进行搭建。因为编译 Hive 时会调用 Shell，Windows 本身不支持 Shell 的调用；Hive 还需要 JDK 和 MySQL 数据库的支持，Hive 是基于 Hadoop 的一个数据仓库工具，它不提供数据存储功能也不进行分布式计算框架和资源调度系统。Hive 使用 HDFS 做数据存储，并且将 SQL 语句翻译成 MapReduce 程序来调用；Hive 本身不进行资源调度系统，而是通过 YARN 集群进行的，将数据的结构化映射成一张数据库表和 Hive SQL 的查询功能。

Hive 中需要数据库的支持，本书对数据库中的增、减、删、改基本命令进行详细介绍，包括表的调用、整改、权限管理、正则表达式、GROUP BY、字符串及一些简单的命令符号。在讲述 Hive 的同时还对 JDK 环境变量、Hadoop 环境、HBase 搭建、MySQL 数据库进行简单描述。

本书采用模块化的编写思路，内容包括 Hive 概述、环境准备、Hadoop 搭建与配置、安装 Hive 的基础操作、HiveQL 的数据定义、HiveQL 语句、Hive 与企业接轨这 7 个方面，共计 25 个教学任务。每个单元通过学习目标引出单元的教学核心内容，明确教学任务。每个任务的编写分为任务目标、知识学习、任务实施、同步训练 4 个环节。

- 任务目标：简述本任务将要达到的效果，提高学生学习兴趣。
- 知识学习：详细讲解知识点，通过系列实例实践，边学边做。
- 任务实施：通过任务综合应用所学知识，提高学生系统运用知识的能力。
- 同步训练：在任务实施的基础上通过"学""仿""做"达到理论与实践的统一、知识内化的教学目的。

最后通过单元小结，总结本单元的教学重点与难点。

本教材建议授课 49 学时，教学单元与学时安排如下表所示。

教学单元与学时安排

序　号	单元名称	学时安排
1	单元 1　Hive 概述	3
2	单元 2　环境准备	6
3	单元 3　Hadoop 搭建和配置	4
4	单元 4　安装 Hive 的基础操作	14
5	单元 5　HiveQL 的数据定义	6
6	单元 6　HiveQL 语句	10
7	单元 7　Hive 综合应用	6
学时总计		49

本书是大数据技术与应用专业校企合作系列教材,开发了丰富的数字化教学资源,可使用的教学资源如下表所示。

课程教学资源一览表

序号	资源名称	表现形式与内涵
1	课程简介	Word 文档,包括对课程内容简单介绍和对课时、适用对象等项目的介绍,让学生对 Hive 有简单的认识
2	课程标准	Word 文档,包括课程定位、课程目标要求以及课程内容与要求,可供教师备课时使用
3	授课视频	MP4 视频文件,可帮助教师教好 Hive 这门课
4	微课	MP4 视频文件,帮助学习,理解学习内容
5	电子课件	PPT 文件,也可根据教师实际需要加以修改后使用
6	案例	Tar 包,包括单元项目案例和综合案例,综合运用所学的知识
7	习题库、试卷库	Word 文档,习题包括理论习题和操作习题,试卷包括单元测试和课程测试。通过练习和测试,加深学生对知识的掌握程度
8	附书源码	Tar 包,包括本书中所有例题和任务的源代码

本书配套的资源包、运行脚本、教学课件等,可登录 http://www.1daoyun.com 下载。相关软件的安装文件、配置文件的源代码文件、相关程序的源代码文件及课件也可以从 http://www.tdpress.com/51eds/网址下载。

本书由朱晓彦、方明清、李强任主编,王庆宇、周连兵、李自臣任副主编,并联合江苏一道云科技发展有限公司共同编写而成。由于编者水平有限,不足之处在所难免,恳请各位读者给予批评、指正,编者将不胜感激。

编　者

2020 年 6 月

目 录

单元 1
Hive概述

▌ 学习目标

【知识目标】

- 掌握 Hive 的产生背景、发展历史、现状和概念。
- 掌握 Hive 的发展过程。
- 掌握 Hadoop 的基本概念、使用 Hive 的原因。
- 掌握 Hive 的结构与部署架构。
- 掌握 Hive 与 Hadoop 的区别。

【能力目标】

- 学会 Hive 的基本操作。
- 掌握 Hive 基本知识的学习方法。
- 了解 Hive 生态和 Hive 的研究。
- 了解 Hive 发展过程的方法。

▌ 学习情境

某公司在载入了 60 亿行(经度、维度、时间、数据值、高度)数据集到 MySQL 后,系统崩溃了,并且数据丢失,给公司带来了难题。公司研发部分析表示:这其中有部分原因可能是最初的策略将所有的数据都存储到单一的一张表中。后来,公司调整了策略,对数据集和参数进行分表,这虽然有所帮助,但也因此引入了额外的消耗,显然这并非是完美的解决方法。公司研发部工程师小张提出是否可以尝试应用 Apache Hive 技术。经过一系列的讨论,最后公司安排工程师小张对 Hive 技术进行调研分析和安装测试。

▌ 任务 1.1　Hive 的产生背景

▌ 任务目标

①了解 Hive 的产生背景、发展历史和现状。

②理解 Hadoop 的基本概念。

③理解 Hive 与 Hadoop 的区别。

知识学习

1. Hive 的产生背景

（1）Hive 是构建在 Hadoop 之上的数据仓库

Hive 定义了一种类 SQL 查询语言：HQL（类似 SQL 但不完全相同），通常用于进行离线数据处理（采用 MapReduce）。并且 Hive 的底层支持多种不同的执行引擎（Hive on MapReduce、Hive on Tez、Hive on Spark）。

Hive 支持多种不同的压缩格式、存储格式以及自定义函数（压缩格式：GZIP、LZO、Snappy、BZIP2 等；存储格式：TextFile、SequenceFile、RCFILE、ORC、Parquet；自定义函数：UDF）。

（2）Hive 是基于 Hadoop 的一个数据仓库工具

"工具"意味着 Hive 并不是一个成型的数据仓库系统，它只是一个工具，来帮助实现数据仓库。

一般人们平时听说的、使用的都是数据库，一般意义上说的数据库都是面向事物，存储实时、在线系统的数据，是为了捕获数据而设计。例如，电商类的天猫、淘宝、京东商城使用的都是一般来说的数据库，这样的数据要求精确，绝对不能出现错误，尽量避免冗余，一般采用符合范式的规则来设计（如三范式）。运营商的计费系统、客户关系管理系统也是如此。例如，运营商的终端库存系统管理着运营商自己给合作渠道的库存销售情况，库存状态表、销售表都是实时更新的，终端的某个属性不会存在多个表出现。为了保持属性准确，不会有冗余数据，一般都是使用关联查询。

（3）Hive 的实现

实现一个数据仓库有三个关键的部分：数据获取（Data Acquisition）、数据存储（Data Storage）、数据访问（Data Access）。

Hive 对于这个三个部分的实现都提供了相应的支持：

①数据获取：可以像操作关系型数据库那样直接向 Hive 中插入数据，不过大部分情况下，是使用类似于 Sqoop、datax 这样的数据迁移工具，从其他数据库中将数据导入到 Hive 中。

②数据存储：Hive 可以帮助数据存储在 HDFS 上。

③数据访问：Hive 可以将结构化的数据文件映射为一张数据库表，定义了简单的类 SQL 查询语言，称为 HQL，它允许熟悉 SQL 的用户查询数据。

（4）Hive 的结构

如图 1-1-1 所示的组件图描绘了 Hive 的结构，该组件图包含不同的组件，描述如表 1-1-1 所示。

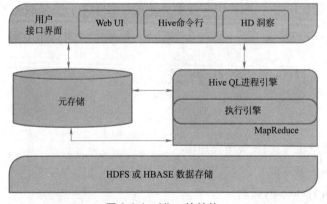

图 1-1-1　Hive 的结构

表 1-1-1 不同组件的描述

单元名称	操　作
用户接口/界面	Hive 是一个数据仓库基础工具软件,可以创建用户和 HDFS 之间互动。用户界面,Hive 支持是 Hive 的 Web UI、Hive 命令行、HiveHD Insight(在 Windows 服务器)
元存储	HiveQL 通过 CLI/Web UI 或者 thrift、odbc 或 jdbc 接口的外部接口提交,经过 complier 编译器,运用 Metastore 中的云数据进行类型检测和语法分析,生成一个逻辑方案,然后通过简单的优化处理,产生一个以有向无环图 DAG 数据结构形式展现的 MapReduce 任务
Hive QL 处理引擎	HiveQL 类似于 SQL 的查询上 Metastore 模式信息。这是传统的方式进行 MapReduce 程序的替代品之一。相反,使用 Java 编写的 MapReduce 程序,可以编写为 MapReduce 工作,并处理它的查询
执行引擎	HiveQL 处理引擎和 MapReduce 的结合部分是 Hive 执行引擎。执行引擎处理查询并产生结果,和 MapReduce 的结果一样。它采用 MapReduce 方法
HDFS 或 HBase 数据存储	Hadoop 的分布式文件系统或者 HBase 数据存储技术是将数据存储到文件系统

(5)Hive 的特点

①提供 SQL 类型语言查询称为 HiveQL 或 HQL。

Hive 提供了一套类 SQL 的语言(HiveQL 或者 HQL),用于执行查询,类 SQL 的查询方式,将 SQL 查询转换为 MapReduce 的 job 在 Hadoop 集群上执行,Hive 不提供实时查询和基于行级的数据更新操作。

②存储架构在一个数据库中并处理数据到 HDFS。

Hive 的数据存储在 Hadoop 兼容的文件系统中(如 Amazon S3、HDFS),Hive 所有的数据都存储在 HDFS 中,Hive 数据加载过程采用"读时模式",传统的关系型数据库在进行数据加载时,必须验证数据格式是否符合表字段定义,如果不符合,数据将无法插入至数据库表中,即采用"写时模式"。

③专为 OLAP(On-Line Analytical Processing)设计。

Hive 不适合那些需要低延迟的应用,例如,联机事务处理 OLTP(On-Line Transaction Processing),设计模式遵循联机分析处理 OLAP。

④数据更新、索引、执行延迟。

Hive 是一种数据仓库,不支持对数据的改写和添加,所有数据都是在加载时确定的,并且数据库是可以修改的。

Hive 加载数据后没有建立索引,所以需要暴力扫描,但是在查询数据时实际上是 MapReduce 的执行过程,并行查询的效率会提高很多,数据库通常针对一个或几个列建立索引。

Hive 没有索引,延迟较高,MapReduce 框架也会增加延迟,不适合在线查询,并行计算特性适合大规模数据查询,数据库数据规模较小的时候延迟较低。

⑤可扩展性。

Hive 是基于 HDFS,与 HDFS 的扩展性一致,数据库是由 ACID 限制,扩展性有限。ACID 所表示的特征为：原子性（Atomicity）、一致性（Consistency）、隔离性（Isolation）和持续性（Durability）。

⑥容错性。

良好的容错性，节点出现问题 SQL 仍可完成执行。

2. Hive 的发展历史和现状

Apache Hive 数据仓库软件可以使用 SQL 方便地阅读、编写和管理分布在分布式存储中的大型数据集。结构可以投射到已经存储的数据上。它提供了一个命令行工具和 JDBC 驱动程序来将用户连接到 Hive。Hive 的产生背景有以下几个方面：

①MapReduce 编程使用起来不方便、不适合事务/单一请求处理、以蛮力代替索引（在索引是更好的存取机制时，MapReduce 将劣势尽显）。在查询数据时，MapReduce 往往是展示一个算法并解释如何工作的，而不是开始读取用户想要的，同时，MapReduce 的性能也具有一定的问题，例如，N 个 Map 实例产生 M 个输出文件（每个输出文件最后由不同的 Reduce 实例处理，这些文件写到运行 Map 实例机器的本地硬盘）。如果 N 是 1 000，M 是 500，Map 阶段产生500 000 个本地文。当 Reduce 阶段开始，500 个 Reduce 实例每个需要读入 1 000 个文件，并用类似 FTP 协议把它要的输入文件从 Map 实例运行的节点上 pull 取过来。

②Hive 是建立在 Hadoop 上的数据仓库基础构架。它提供了一系列的工具，可以用来进行数据提取转化加载 ETL（Extract-Transform-Load），这是一种可以存储、查询和分析存储在 Hadoop 中的大规模数据的机制，用来描述将数据从来源端经过萃取（Extract）、转换（Transform）、加载（Load）至目的端的过程。Hive 定义了简单的类 SQL 查询语言，称为 HQL，它允许熟悉 SQL 的用户查询数据。同时，这个语言也允许熟悉 MapReduce 的开发者开发自定义的 mapper 和 reducer 来处理内建的 mapper 和 reducer 无法完成的复杂的分析工作。Hive 没有专门的数据格式可以很好地工作在 Thrift 之上，控制分隔符，也允许用户指定数据格式。

③Hive 比较简单、容易上手（提供了类似于 SQL 查询语言 HQL），具有为超大数据集设计的计算/存储扩展能力（MR 计算，HDFS 存储），以及统一的元数据管理（可与 Presto/Impala/SparkSQL 等共享数据）。

Hive 的发展历程如图 1-1-2 所示。

3. Hive 与 Hadoop

Hive 的特性如下：

①Hive 是基于 Hadoop 的一个数据仓库工具，可以将结构化的数据文件映射为一张数据库表，并提供完整的 SQL 查询功能，可以将 SQL 语句转换为 MapReduce 任务运行。其优点是学习成本低，可以通过类 SQL 语句快速实现简单的 MapReduce 统计，不必开发专门的 MapReduce 应用，十分适合数据仓库的统计分析。

②使用 Hive 的命令行接口，感觉很像操作关系数据库，但是 Hive 和关系数据库还是有很大的不同。Hive 与关系数据库的区别具体如下：

● Hive 和关系数据库存储文件的系统不同，Hive 使用的是 Hadoop 的 HDFS（Hadoop 的分布式文件系统），关系数据库则是服务器本地的文件系统。

● Hive 使用的计算模型是 MapReduce，而关系数据库则是自己设计的计算模型。

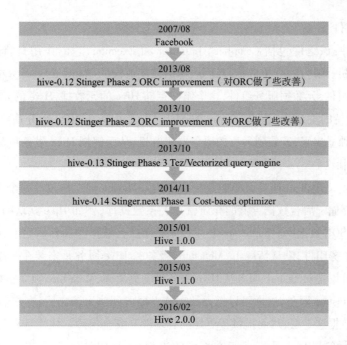

图 1-1-2　Hive 的发展历史

● 关系数据库都是为实时查询的业务进行设计的,而 Hive 则是为海量数据做数据挖掘设计的,实时性很差;实时性的区别导致 Hive 的应用场景和关系数据库有很大的不同。

● Hive 很容易扩展自己的存储能力和计算能力,这个是继承自 Hadoop,而关系数据库在这方面要比 Hive 差很多。

Hive 的技术架构如图 1-1-3 所示,Hadoop 和 MapReduce 是 Hive 架构的根基。Hive 架构包括如下组件:CLI(Command Line Interface)、JDBC/ODBC、Thrift Server、Web GUI、Metastore 和 Driver(Complier、Optimizer 和 Executor)。这些组件分为两大类:服务端组件和客户端组件。

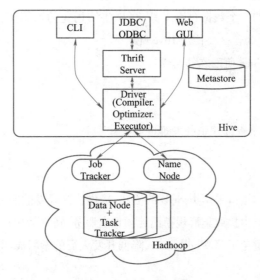

图 1-1-3　Hive 的架构图

（1）服务端组件

① Driver 组件：该组件包括 Complier、Optimizer 和 Executor，它的作用是将写的 HiveQL（类 SQL）语句进行解析、编译优化，生成执行计划，然后调用底层的 MapReduce 计算框架。

② Metastore 组件：元数据服务组件，这个组件存储 Hive 的元数据，Hive 的元数据存储在关系数据库里，Hive 支持的关系数据库有 Derby、MySQL。元数据对于 Hive 十分重要，因此 Hive 支持把 Metastore 服务独立出来，安装到远程的服务器集群里，从而解耦 Hive 服务和 Metastore 服务，保证 Hive 运行的健壮性。

Hive 的 Metastore 组件是 Hive 元数据集中存放地。Metastore 组件包括两个部分：Metastore 服务和后台数据的存储。后台数据存储的介质就是关系数据库，例如 Hive 默认的嵌入式磁盘数据库 Derby，还有 MySQL 数据库。Metastore 服务是建立在后台数据存储介质之上，并且可以和 Hive 服务进行交互的服务组件，默认情况下，Metastore 服务和 Hive 服务是安装在一起的，运行在同一个进程当中。也可以把 Metastore 服务从 Hive 服务里剥离出来，Metastore 独立安装在一个集群里，Hive 远程调用 Metastore 服务，这样可以把元数据这一层放到防火墙之后，客户端访问 Hive 服务，就可以连接到元数据这一层，从而提供了更好的管理性和安全保障。使用远程的 Metastore 服务，可以让 Metastore 服务和 Hive 服务运行在不同的进程里，这样也保证了 Hive 的稳定性，提升了 Hive 服务的效率。

③ Thrift 服务：Thrift 是 Facebook 开发的一个软件框架，它用来进行可扩展且跨语言的服务的开发，Hive 集成了该服务，能让不同的编程语言调用 Hive 的接口。

（2）客户端组件

Hive 客户端组件包括 CLI（Command Line Interface，命令行接口）、Thrift 客户端和 Web GUI。

任务实施

本任务主要涉及为什么要使用 Hive，使学生更加深入地理解到使用 Hive 的原因及情况。

1. 探讨使用 Hive 的原因

Hive 是基于 Hadoop 的一个数据仓库工具，可以将结构化的数据文件映射为一张数据库表，并提供类 SQL 查询功能。为什么要使用 Hive 呢？

（1）直接使用 MapReduce 所面临的问题

①人员学习成本太高。

②项目周期要求太短。

③MapReduce 实现复杂查询逻辑开发难度太大。

（2）使用 Hive 的原因

①功能扩展很方便。

②更友好的接口：操作接口采用类 SQL 的语法，提供快速开发的能力。

③更好的扩展性：可自由扩展集群规模而无须重启服务，还支持用户自定义函数。

④更低的学习成本：避免了写 MapReduce，降低开发人员的学习成本。

（3）Hive 的优点

①简单容易上手：提供了类 SQL 查询语言 HQL。

②可扩展:为超大数据集设计了计算/扩展能力(MR作为计算引擎,HDFS作为存储系统),一般情况下不需要重启服务,Hive可以自由地扩展集群的规模。

③提供统一的元数据管理。

④延展性:Hive支持用户自定义函数,用户可以根据自己的需求来实现自己的函数。

⑤容错:良好的容错性,节点出现问题HQL仍可完成,执行简单。此外,Docker团队同各个开源项目团队一起维护了一大批高质量的官方镜像,既可以直接在生产环境中使用,又可以作为基础进一步定制,大大地降低了应用服务的镜像制作成本。

(4)对比传统数据库总结

Hive与传统数据库的对比如表1-1-2所示。

表1-1-2 Hive与传统数据库的对比

项　　目	Hive	传统数据库
查询语言	HQL	SQL
数据存储	HDFS	Raw Device 或者 Local FS
数据格式	用户定义	系统决定
数据更新	不支持	支持
执行	MapReduce	Executer
执行延迟	高	低
处理数据规模	大	小
可扩展性	大	小
对表数据的验证	schema on read(读时模式)	schema on write(写时模式)
索引	0.8 版本后加入位图索引	有复杂的索引

因此,Hive用于海量数据的离线数据分析。Hive具有SQL数据库的外表,但应用场景完全不同,Hive只适合用来做批量数据统计分析。

2. 调查使用 Hive 的情况

(1)Impala 和 Hive 的关系

Impala与Hive都是构建在Hadoop之上的数据查询工具,各有不同的侧重适应面,但从客户端使用来看,Impala与Hive有很多的共同之处,如数据表元数据、ODBC/JDBC驱动、SQL语法、灵活的文件格式、存储资源池等。Impala与Hive在Hadoop中的关系如图1-1-4所示。Hive适合于长时间的批处理查询分析,而Impala适合于实时交互式SQL查询,Impala给数据分析人员提供了快速实验、验证想法的大数据分析工具。可以先使用Hive进行数据转换处理,之后使用Impala在Hive处理后的结果数据集上进行快速的数据分析。Google 2014年开源容器集群管理系统Kubernetes就构建在Docker之上。

(2)Pig

Pig是一种操作Hadoop的轻量级脚本语言,最初由雅虎公司推出。当雅虎将它开源贡献到开源社区,并慢慢退出Pig的维护之后,就由所有爱好者来维护。不过现在还是有些公司在使用。

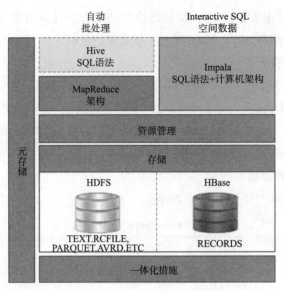

图 1-1-4　Impala 和 Hive 在 Hadoop 中的关系

● Pig 是一种数据流语言,用来快速轻松地处理巨大的数据。

● Pig 包含两个部分:Pig Interface 和 Pig Latin。

● Pig 可以非常方便地处理 HDFS 和 HBase 的数据,和 Hive 一样,Pig 可以非常高效地处理其需要做的,通过直接操作 Pig 查询可以省去大量的劳动和时间。当用户想在数据上做一些转换,并且不想编写 MapReduce Jobs 时,就可以用 Pig。

Hive 更适合于数据仓库的任务,Hive 主要用于静态的结构以及需要经常分析的工作。Hive 与 SQL 相似,促使其成为 Hadoop 与其他 BI(Business Intelligence)工具结合的理想交集。

与 Hive 相比,Pig 有以下优点:

①Pig 赋予开发人员在大数据集领域更多的灵活性,并允许开发简洁的脚本,用于转换数据流以便嵌入到较大的应用程序。

②Pig 相比 Hive 相对轻量化,它主要的优势是相比于直接使用 Hadoop Java APIs 可大幅削减代码量。正因为如此,Pig 仍然吸引了大量的软件开发人员。

由此可见,Hive 和 Pig 都可以与 HBase 组合使用,Hive 和 Pig 还为 HBase 提供了高层语言支持,使得在 HBase 上进行数据统计处理变得非常简单。

(3)HBase

HBase 作为面向列的数据库运行在 HDFS 之上,HDFS 缺乏随即读写操作,HBase 正是为此而出现。HBase 以 Google BigTable 为蓝本,以键值对的形式存储。项目的目标就是快速在主机内数十亿行数据中定位所需的数据并访问它。

HBase 是一个数据库,一个 NoSQL 的数据库,像其他数据库一样提供随即读写功能,Hadoop 不能满足实时需要,HBase 正可以满足。如果用户需要实时访问一些数据,就把它存入 HBase。

用户可以用 Hadoop 作为静态数据仓库,HBase 作为数据存储,存放那些进行操作会改变的数据。因此将 Hive 和 HBase 相比,可以发现有以下特征:

①Hive 是建立在 Hadoop 之上为了减少 MapReduce Jobs 编写工作的批处理系统,HBase 是为

了支持弥补 Hadoop 对实时操作的缺陷的项目。

②在操作 RMDB 数据库时,如果是全表扫描,就用 Hive + Hadoop 组合,如果是索引访问,就用 HBase + Hadoop 组合。

③HBase 是物理表而不是逻辑表,搜索引擎通过它来存储索引,方便查询操作。

④HDFS 作为底层存储是存放文件的系统,而 HBase 负责组织文件。

同步训练

【实训题目】

查询相关知识并编写 Hive 调研报告。

【实训目的】

①了解 Hive。

②了解 Hive 和数据库的区别。

③了解 Hive 的技术领域。

【实训内容】

从网络搜索相关 Hive 知识,了解 Hive 相关的技术发展状况和应用领域等。

▌任务 1.2 Hive 的概念

任务目标

①了解 Hive 的系统与部署架构,将 Hive 与 RDBM 进行对比。

②掌握数据仓库的基础。

③了解 Hive 的数据模型。

④理解 HiveQL 与数据存储。

知识学习

1. Hive 的系统与部署架构

（1）Hive 的组成

Hive 包含了 3 大组成部分:Hive 客户端、Hive 服务端、Hive 存储和计算。如图 1-2-1 所示,用户操作 Hive 的接口主要有三个:CLI、Client 和 Web UI。

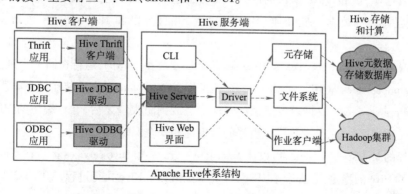

图 1-2-1 Hive 的三大部分

①其中最常用的是 CLI(控制命令行接口),CLI 启动时会同时启动一个 Hive 副本。

②Client 是 Hive 的客户端,用户连接至 Hive Server。在启动 Client 模式的时候,需要指出 Hive Server 所在节点,并且在该节点启动 Hive Server。而客户端则又可以分为三种:Thrift Client、JDBC Client、ODBC Client。

③Hive Web UI 提供了图像化的操作界面,通过 Hive Web UI 接口可以更方便、更直观地操作。Hive Web UI 具有以下特性:

● 分离查询的执行。在命令行(CLI)下,要执行多个查询就得打开多个终端,而通过 Web UI,就可以同时执行多个查询,还可以在网络服务器上管理会话 Session。

● 不依赖本地 Hive。用户需要安装本地 Hive,就可以通过网络浏览器访问 Hive 并进行相关操作。如果想通过 Web 与 Hadoop 以及 Hive 交互,那么需要访问多个端口。Hive 将元数据存储在数据库中,如 MySQL、Derby。Hive 中的元数据包括表的名字、表的列和分区及其属性、表的属性(是否为外部表等)、表的数据所在目录等。

解释器、编译器、优化器完成 HQL 查询语句的词法分析、语法分析、编译、优化以及查询计划的生成。生成的查询计划存储在 HDFS 中,并在随后由 MapReduce 调用执行。

Hive 的数据存储在 HDFS 中,大部分的查询、计算由 MapReduce 完成(注意,包含 * 的查询,比如 select * from tbl 不会生成 MapRedcue 任务)。

图 1-2-1 中的 Driver 会处理从应用到 Metastore 到 filed system 的所有请求,以进行后续操作。

(2)Hive 组件

① Driver,实现了 session handler,在 JDBC/ODBC 接口上实现了执行和获取信息的 API。

② Compiler,该组件用于对不同的查询表达式做解析查询、语义分析,最终会根据从 Metastore 中查询到的表和分区元数据生成一个 execution plain。

③ Execution Engine,该组件会执行由 compiler 创建的 execution。其中,plan 从数据结构上来看,是一个 DAG,该组件会管理 plan 的不同 stage 与组件中执行这些 plan 之间的依赖。

④ Metastore,Hive 的 Metastore 组件是 Hive 元数据集中存放地。该组件存储了包括变量表中列和列类型等结构化的信息,以及数据仓库中的分区信息(包括列和列类型信息,读写数据时必要的序列化和反序列化信息,数据被存储在 HDFS 文件中的位置)。

Metastore 组件包括两个部分:Metastore Services 和后台数据的存储。Metastore database 的介质就是关系数据库,例如,Hive 默认的嵌入式磁盘数据库 Derby,还有 MySQL 数据库。Metastore services 是建立在后台数据存储介质(HDFS)之上,并且可以和 Hive services 进行交互的服务组件。

默认情况下,Metastore services 和 Hive services 是安装在一起的,运行在同一个进程当中。也可以把 Metastore services 从 Hive services 里剥离出来,将 Metastore 独立安装在一个集群里,Hive 远程调用 Metastore services。这样就以把元数据这一层放到防火墙之后,客户端访问 Hive 服务,就可以连接到元数据这一层,从而提供了更好的管理性和安全保障。

使用远程的 Metastore services,可以让 Metastore services 和 Hive services 运行在不同的进程里,这样也保证了 Hive 的稳定性,提升了 Hive services 的效率。Hive 执行过程,如图 1-2-2 所示。

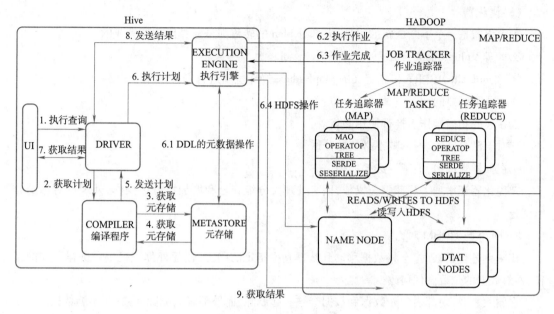

图 1-2-2　Hive 执行过程

（3）流程大致步骤

①用户提交查询等任务给 Driver。

②Driver 为查询操作创建一个 session handler，接着 Dirver 会发送查询操作到 compiler 去生成一个 execute plan。

③Compiler 根据用户任务去 Metastore 中获取需要的 Hive 的元数据信息。这些元数据在后续 stage 中用作抽象语法树的类型检测和修剪。

④Compiler 得到元数据信息，对 task 进行编译，先将 HiveQL 转换为抽象语法树，然后将抽象语法树转换成查询块，将查询块转化为逻辑的查询 plan，重写逻辑查询 plan，将逻辑 plan 转化为物理的 plan（MapReduce），最后选择最佳策略。

⑤将最终的 plan 提交给 Driver。

⑥Driver 将 plan 转交给 Execution Engine 去执行，将获取到的元数据信息，提交到 JobTracker 或者 Rsource Manager 执行该 task，任务会直接读取到 HDFS 中进行相应的操作。

⑦获取执行的结果。

⑧取得并返回执行结果。

（4）创建表

解析用户提交的 Hive 语句→对其进行解析→分解为表、字段、分区等 Hive 对象，根据解析到的信息构建对应的表、字段、分区等对象，从 SEQUENCE_TABLE 中获取构建对象的最新的 ID，与构建对象信息（名称、类型等等）一同通过 DAO 方法写入元数据库的表中，成功后将 SEQUENCE_TABLE 中对应的最新 ID 加 5。

实际上常见的 RDBMS 都是通过这种方法进行组织的，其系统表中和 Hive 元数据一样显示了这些 ID 信息。通过这些元数据可以很容易读取到数据。

（5）优化器

①优化器是一个不断更新的组件，大部分 plan 的转移都是通过优化器完成的。

②将多 Multiple join 合并为一个 Muti-way join。

③对 Join、GROUP BY 和自定义的 MapReduce 操作重新进行划分。

④消减不必要的列。

⑤在表的扫描操作中推行使用断言。

⑥对于已分区的表，消减不必要的分区。

⑦在抽样查询中，消减不必要的桶。

⑧优化器还增加了局部聚合操作，用于处理大分组聚合和增加再分区操作，处理不对称的分组聚合。

2. Hive 与 RDBM 对比

Hive 创建内部表时，会将数据移动到数据仓库指定的路径；创建外部表仅记录数据所在的路径，不对数据的位置做任何改变。

在删除表时，内部表的元数据和数据会被一起删除，而外部表只删除元数据，不删数据。

Hive 中的读时模式与 rdbm 的写时模式相比来说，读时模式只有在读取数据的时候 Hive 才检查、解析具体的数据字段、schema。它的优势是 load data 非常迅速，因为它不需要读取数据进行解析，仅仅进行文件的复制或者移动。写时模式的优势是提升了查询性能，因为预先解析之后可以对列建立索引并压缩，但会花费更多的加载时间。

3. 数据仓库的理解

数据仓库是为分析数据而设计，它的两个基本元素是维表和事实表。维是看问题的角度，比如时间、部门，维表定义的就是这些东西。事实表里放着要查询的数据，同时有维的 ID。常见的有维度时间（年、月、日）、地域维度。数据仓库的数据来自于分散的操作型数据，即数据库，将所需数据从原来的数据中抽取出来，进行加工与集成，统一综合之后才能进入数据仓库。

（1）数据仓库概念

数据仓库（Data Warehouse，DW）是一个面向主题的（Subject Oriented）、集成的（Integrated）、相对稳定的（Non-Volatile）、反映历史变化（Time Variant）的数据集合，用于支持管理决策。

数据仓库体系结构通常含四个层次：数据源、数据存储和管理、数据服务、数据应用。

①数据源：是数据仓库的数据来源，含外部数据、现有业务系统和文档资料等。

②数据存储和管理：此层次主要涉及对数据的存储和管理，含数据仓库、数据集市、数据仓库检测、运行与维护工具和元数据管理等。

③数据服务：为前端和应用提供数据服务，可直接从数据仓库中获取数据供前端应用使用，也可通过 OLAP 服务器为前端应用提供负责的数据服务。

④数据应用：此层次直接面向用户，含数据查询工具、自由报表工具、数据分析工具、数据挖掘工具和各类应用系统。

（2）数据仓库定义

数据仓库是在数据库已经大量存在的情况下，为了进一步挖掘数据资源及决策需要而产生的，它并不是所谓的"大型数据库"。数据仓库方案建设的目的，是为前端查询和分析作为基础。

由于有较大的冗余,为了更好地为前端应用服务,所以需要的存储空间也较大。

①数据仓库是面向主题的。操作型数据库的数据组织面向事务处理任务,而数据仓库中的数据是按照一定的主题域进行组织。主题是指用户使用数据仓库进行决策时所关心的重点方面,一个主题通常与多个操作型信息系统相关。

例如,移动通信某省经营分析系统和市场部决策分析时,关注的几大重点方面有:4G、终端、政企、渠道、宽带等。各主题之间可能相互还有联系。渠道这个主题可能和渠道管理系统、CRM系统、计费系统都相关,因为需要从这些系统中提取数据。

②数据仓库是集成的。数据仓库的数据来自于分散的操作型数据,将所需数据从原来的数据中抽取出来,进行加工与集成,统一综合之后才能进入数据仓库。

数据仓库中的数据是在对原有分散的数据库中数据抽取和清理的基础上,经过系统加工、汇总和整理得到的,必须消除源数据中的不一致性,以保证数据仓库内的信息是关于整个企业的一致的全局信息。

数据仓库中的数据通常包含历史信息,系统记录了企业从过去某一时点(如开始应用数据仓库的时点)到当前的各个阶段的信息,通过这些信息,可以对企业的发展历程和未来趋势做出定量分析和预测。

③数据仓库是不可更新的,数据仓库主要是为决策分析提供数据,所涉及的操作主要是数据的查询。一旦某个数据进入数据仓库以后,一般情况下将被长期保留,也就是数据仓库中一般有大量的查询操作,但修改和删除操作很少,通常只需要定期地加载、刷新。

④数据仓库是随时间而变化的,传统的关系数据库系统比较适合处理格式化的数据,能够较好地满足商业商务处理的需求。稳定的数据以只读格式保存,且不随时间改变。

⑤数据仓库是汇总的。操作性数据映射成决策可用的格式。

⑥数据仓库具有大容量。时间序列数据集合通常都非常大。

⑦数据仓库是非规范化的,DW数据可以且经常是冗余的。跟业务生产系统严格要求的数据不能冗余的一致准确性不同,DW的数据经常是冗余的不同的表,可能都有某个属性信息,因为DW表的数据通常都是很大量的或者高度聚合过的,如果想要通过表实时关联某个属性,这样的时间消耗是很大的,对于都是聚合过的表,则无法通过关联取得想要的指标。

例如,终端主题会有一张终端销售库存情况表,记录终端的唯一串号入库时间状态、销售时间、机型品牌和价格、入库渠道等。渠道专题也会有张表,记录渠道唯一标示库存终端串号、库存时间、品牌机型、价格等。

⑧元数据。将描述数据的数据保存起来。

元数据包括数据源的描述信息和自己库、表的描述信息。像源库的 IP 信息、自己库的 IP 信息都属于元数据信息,通常这些还挺重要的。

⑨数据源。数据来自内部的和外部的非集成操作系统。

数据仓库系统是一个信息提供平台,它从业务处理系统获得数据,主要以星状模型和雪花模型进行数据组织,并为用户提供各种手段从数据中获取信息和知识。

从功能结构划分,数据仓库系统至少应该包含数据获取(Data Acquisition)、数据存储(Data Storage)、数据访问(Data Access)三个关键部分。

企业数据仓库的建设,是以现有企业业务系统和大量业务数据的积累为基础。数据仓库不是静态的概念,只有把信息及时交给需要这些信息的使用者,供他们做出改善其业务经营的决策,信息才能发挥作用,才有意义。而把信息加以整理归纳和重组,并及时提供给相应的管理决策人员,是数据仓库的根本任务。因此,从产业界的角度看,数据仓库建设是一个工程,也是一个过程。

(3)传统数据仓库的问题

①无法满足快速增长的海量数据存储需求,传统数据仓库基于关系型数据库,横向扩展性较差,纵向扩展有限。

②无法处理不同类型的数据,传统数据仓库只能存储结构化数据,企业业务发展,数据源的格式越来越丰富。

③传统数据仓库建立在关系型数据仓库之上,计算和处理能力不足,当数据量达到 TB 级后基本无法获得好的性能。

(4)Hive

Hive 是建立在 Hadoop 之上的数据仓库,由 Facebook 开发,在某种程度上可以看成是用户编程接口,本身并不存储和处理数据,依赖于 HDFS 存储数据,依赖 MR 处理数据。有类 SQL 语言 HiveQL,不完全支持 SQL 标准,如不支持更新操作、索引和事务,其子查询和连接操作也存在很多限制。

Hive 把 HQL 语句转换成 MR 任务后,采用批处理的方式对海量数据进行处理。数据仓库存储的是静态数据,很适合采用 MR 进行批处理。Hive 还提供了一系列对数据进行提取、转换、加载的工具,可以存储、查询和分析存储在 HDFS 上的数据。

(5)Hive 与 Hadoop 生态系统中其他组件的关系

Hive 依赖于 HDFS 存储数据,依赖 MR 处理数据。

Pig 可作为 Hive 的替代工具,是一种数据流语言和运行环境,适合在 Hadoop 平台上查询半结构化数据集,用于 ETL 过程的一部分,即将外部数据装载到 Hadoop 集群中,转换为用户需要的数据格式。

HBase 是一个面向列的、分布式可伸缩的数据库,可提供数据的实时访问功能,而 Hive 只能处理静态数据,主要是 BI 报表数据,Hive 的初衷是为减少复杂 MR 应用程序的编写工作,HBase 则是为了实现对数据的实时访问。Hive 与 Hadoop 生态系统中其他组件的关系如图 1-2-3 所示。

①Hive 的部署和应用。

当前企业中部署的大数据分析平台,除 Hadoop 的基本组件 HDFS 和 MR 外,还结合使用 Hive、Pig、HBase、Mahout,从而满足不同业务场景需求,如图 1-2-4 所示。

图 1-2-4 是企业中一种常见的大数据分析平台部署框架,在这种部署架构中:

● Hive 和 Pig 用于报表中心,Hive 用于分析报表,Pig 用于报表中数据的转换工作。

● HBase 用于在线业务,HDFS 不支持随机读写操作,而 HBase 正是为此开发,可较好地支持实时访问数据。

● Mahout 提供一些可扩展的机器学习领域的经典算法实现,用于创建商务智能(BI)应用程序。

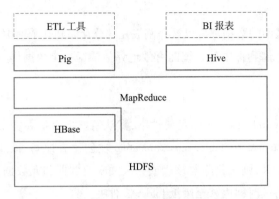

图1-2-3 Hive与Hadoop生态系统中其他组件的关系

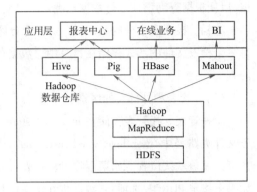

图1-2-4 Hive的部署与应用

②使用数据仓库目的举例。

● 运营商分析来自生产运营系统的每个用户近一年的消费行为,如话费流量在网时长等综合项,来给用户评定星级。

● 运营商分析用户的换机周期,来给用户做定期的针对性终端营销活动。

● 银行某个网点每天的存取款流水、取款金额,档次分层统计数量辅助决定ATM机的选址。

4. Hive的数据模型

（1）Hive中的数据模型分类

Hive中的数据模型主要有以下3种:表（Table）、分区（Partitions）、桶（Buckets）。Hive数据存储模型如图1-2-5所示。

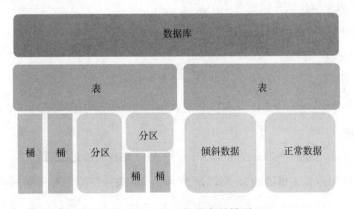

图1-2-5 Hive数据存储模型

①表。Hive中的表和关系数据库中的表的概念是相似的。表能被过滤、投影、连接和合并。除此之外,表中的所有数据被存储在一个目录中。同时,Hive也支持外表（External Table）的概念。对于外表,只要为创建表的DDL提供一个合适的存储位置,表就可以创建在已经存在的文件或目录之中。在表中,数据是以典型的形式组织的,这和关系数据库中的概念相似。

②分区。每一个表可以有一个或几个分区键,键值决定了数据是怎样存储的。例如,有一个表Table1,在Table1中有以日期分割的列Date1。Table1在HDFS中是分布存储在几个文件中的。这些文件中的数据是独立的日期数据,而文件存储在"/date1 ="目录中。分区准许系统修剪数

据,以便根据查询谓词进行数据检测。

③桶。根据表中列的 Hash 值,每一个分区中的数据都可以被分割成几部分存储到几个桶中。每一个桶以文件的形式存储在目录中。数据存储到桶中使系统能有效地评估依据一个数据样本的查询。

(2)托管表和外部表的区别

①托管表。托管表存储在 hive. metastore. warehouse. dir 路径属性下,默认情况下存储在类似于文件夹路径中/user/hive/warehouse/databasename. db/tablename/。location 在创建表期间,该属性可以覆盖默认位置。如果删除了托管表或分区,则将删除与该表或分区关联的数据和元数据。如果未指定 PURGE 选项,则数据将在定义的持续时间内移至废纸 folder 文件夹。

当 Hive 应该管理表的生命周期或生成临时表时,使用托管表。

②外部表。外部表描述了外部文件上的元数据/架构。外部表文件可以由 Hive 外部的进程访问和管理。外部表可以访问存储在诸如 Azure 存储卷(ASV)或远程 HDFS 位置的源中的数据。如果更改了外部表的结构或分区,则可以使用 MSCK REPAIR TABLE table_name 语句刷新元数据信息。

当文件已经存在或位于远程位置时,请使用外部表,并且即使表已删除,文件也应保留。

5. HiveQL 与数据存储

(1)装载数据

HiveQL 装载数据其实就是向表里加载数据,但是这个装载是一次性操作,因为 Hive 没有行级别的数据插入、数据更新和删除操作。对 Hive 中的表一般是一次加载大量的数据或者将数据文件写入到 Hive 表中所在的存储位置下。

以管理表 manage_table 为例,建表语句如下:

```
Create table if not exists manage_table(
id string
Name string)
Row format delimited fields terminated by stored as textfile;
```

装载的 SQL 语句如下:

```
Load data local input '/home/data/a. txt'into table manage table;
```

如果希望不保留原有表里的数据,可以增加 overwrite 表示覆盖原有数据,命令语句如下:

```
Load data local input '/home/data/a. txt'overwrite into table manage_table;
```

LOCAL INPUT 表示这是一个本地的文件或者目录,如果是目录就会自动将整个目录下的文件全装载到表里去,不过这个目录下不能再包含目录了,并不支持多级目录的装载。

上面装载数据是以装载本地的数据文件,也可以以 HDFS 上的文件或者目录进行装载:

```
Load data local input '/user/hive//study. db/partition_table/year = 2018/month = 5/
day = 2/b. txt'into table manage_table;
```

装载完数据后,可以在 HDFS 上查看 manage_table 里的内容:

```
Hadoop fs-s-R /user/hive/warehouse/study. db/manage_table
```

可以发现其实就是将相应的文件写入到 manage_table 目录下去,所以才叫作装载数据。

外部表与管理表一样,只是存储的位置不一样。

(2)向分区表装载数据

向分区表装载数据与管理表一样,只需要在额外指定装载到哪个分区下。以分区表 partition_table 为例:

```
Create table if not exists partition_table(
Id string, name string)
Partitioned by (year int ,month int ,day int)
Row format delimited fields terminated by '|'stored as textfile;
```

装载语句命令如下所示:

```
Load data local input '/home/data/a. txt' into table manage_table Partition
(year =2018,month =5,day =4);
```

如果目录/year =2018/month =5/day =4 不存在,它会自动创建这个目录的。

(3)通过 SELECT 语句向表里插入数据

HiveQL 支持使用 SELECT 语句向表里插入数据,插入时可以选择 INSERT OVERWRITE 或者 INSERT INTO,前者表示覆盖之前的内容。

```
Insert into table partition_table partition (year =2018,month =5,day =4)
select * from manage_table where id = '1';
```

查看分区表里/year =2018/month =5/day =4 分区下的文件。

```
Hadoop fs-ls/user/hive/warehouse/study. db/partition_table
year =2018/month =5/day =4
```

插入的数据存储在系统自动生成的 00000_0 文件中,每次插入都会生成新的文件。

如果插入分区的是多次操作,按上面的方式需要对表进行多次扫描,也可以只对表进行一次扫描、多次插入的操作。命令语句如下所示:

```
From manage_table mt insert into table partition_table
partition(year =2018,month =5,day =5) select * where mt,id = '5' insert into table
partition_table partition(year =2018,month =5,day =6) select * where mt,id = '6';
```

在插入的时候也可以对多个表进行插入。命令语句如下所示:

```
From manage_table mt insert overwrite table partition_table
partition(year =2018,month =5,day =5) select * where mt,id = '5' insert into table
extermal_table partition(year =2018,month =5,day =6) select * where mt,id = '6';
```

(4)动态分区插入

有时候会对原本没有分区的表进行重建,而这张表的数据量非常大,如果采用上面的方式进行分区插入,那么需要写非常多分区,而且每一个分区值都必须知道,这种方式太麻烦了,所以 Hive 提供了一种支持动态分区插入的方式。命令语句如下所示:

```
Create table if not exists nonpartition_table(id string,name string,year int,
Moth int ,day int) row format delimited fields terminated by '|' stored as textfile;
```

并为其插入数据,数据 c. txt 的内容如下所示:

```
Locad data local inpath '/home/data/c.txt' into table nonpartition_table;
```

现在将 nonpartition_table 表里的数据按照 year,month,day 进行动态分区插入：

```
Insert into table partition_table partition(year,month,day) select nonpt.id,
nonpt.name, nonpt.year, nonpt.month, nonpt.day from nonpartition_table nonpt;
```

select 语句中的最后三个字段要与分区字段进行对应，它们是通过位置来对应的，而不是通过字段名进行对应的。

动态分区的好处是不需要对分区字段的值进行指定，之前使用的分区插入数据属于静态分区，动态与静态是可以结合使用的，但是静态分区的字段必须出现在动态分区之前。命令语句如下所示：

```
Insert into tanle partition_table partition (year=2018,month,day)
select nonpt.id,nonpt.name, nonpt.year, nonpt.month, nonpt.day from nonpartition_
table nonpt;
```

字段 year 属于静态分区字段,month 和 day 属于动态分区字段,如果要使得 month 也是静态分区字段,那么 year 必须得先是静态分区字段。

动态分区一般是默认没有开启的,所以在使用之前必须设置动态分区属性。

```
Set hive.exec.dynamic.partition.mod=nonstrict;
```

动态分区属性如表 1-2-1 所示。

表 1-2-1　动态分区属性

属　　性	默认值	描　　述
hive.exec.dynamic.partition	false	设置成 true,表示开启动态分区功能
hive.exec.dynamic.partition.mode	strict	设置成 nonstrict,表示允许所有分区都是动态的
hive.exec.max.dynamic.partitions.permode	100	每个 mapper 或 reducer 可以创建的最大动态分区个数
hive.exec.max.dynamic.partitions	1000	一个动态分区创建语句可以创建的最大动态分区个数
hive.exec.max.created.files	100000	全局可以创建的最大文件个数

（5）创建时装载数据

可以在创建表的时候通过将查询结果载入这个表：

```
Create table create_table as select *  from partition_table where id='1';
```

（6）导出数据

对数据进行了导入,同样也可以对数据进行导出,最直接的方式是从 HDFS 上将文件或者文件夹复制出来就能实现对表的导出,HiveQL 也提供了导出表的语句：

```
Insert overwrite local directory '/home/data' selecr *  from partition_table where
id='1';
```

任务实施

本单元主要介绍创建表格、加载内容、插入数据和查询内容等,使同学们了解 Hive 的数据类型和常用的 HiveQL 操作。

以下为 Hive 的建表插入数据的基本操作,但是这些操作要在 Hive 数据库上进行操作,在启动 Hive 之前需要启动 Hadoop 进程,启动 Hadoop 之后输入 hive,进入 Hive 后首先创建一个数据库,再在数据库上创建一个管理表。

(1)创建管理表:manage_table

```
Create table if not exists manage_table(
id string
Name string)
Row format delimited fields terminated by stored as textfile;
```

(2)将文件内容加载到表中

首先在/home/dongjinbao/data 路径下创建一个 a.txt(txt 文件应该含有与创建表格一致的字段名),创建好文件后输入以下语句进行添加数据;

```
Load data local inpath '/home/dongjinbao/data/a.txt/'into tablemanage_table;
```

(3)向分区表装载数据

```
create table if not exists partition table(
id STRING,
name STRING)
PARTITIONED BY (year INT,month INT,day INT)
ROW FORMAT DELIMITED FIELDS TERMINATED BY '|' STORED AS TEXTFILE;
```

和上述一样装载数据,将/home/dongjinbao/data 下的 a.txt 插入表格中,只不过多了一行命令,装载语句命令如下所示:

```
Load data local inpath '/home/dongjinbao/data/a.txt/'into tablemanage_table
Partition (year =2018,month =5,day =4);
```

(4)通过 SELECT 语句向表里插入数据

```
INSERT INTO TABLE partition table
PARTITION (year-2018,month =5,day =4)
SELECT *  FROM manage table WHERE id =1;
```

(5)动态分区插

```
CREATE TABLE IF NOT EXISTS nonpartition table(
id STRING,name STRING,year INT,month INT,day INT)
ROW FORMAT DELIMITEDFIELDS TERMINATED BY '|'STORED AS TEXTFILE;
```

和上述一样装载数据,将/home/dongjinbao/data 下的 a.txt 插入表格中,只不过多了一行命令,插入数据命令如下所示:

```
Load data local inpath '/home/dongjinbao/data/c.txt/'into tablenonpartition table;
```

将 nonpartition_table 表里的数据按照 year,month,day 进行动态分区插入:

```
INSERT INTO TABLE partition table
PARTITION (year,month,day)
SELECT nonpt. id,nonpt. name,nonpt. year,nonpt. month,nonpt. day
FROM nonpartition table nonpt;
```

（6）创建时装载数据

```
CREATE TABLE create tableAS SELECT* FROM partition tableWHERE id=1;
```

（7）导出数据

```
INSERT OVERWRITE LOCAL DIRECTORY '/home/dongjinbao/data ' SELECT FROM partition
table WHERE id=1;
```

同步训练

【实训题目】

在官网中下载 Hive 压缩包，并配置 Hive 的环境变量。

【实训目的】

①掌握基本的 Hive 概念及数据模型。

②掌握 Hive 的系统与部署架构。

【实训内容】

①创建管理表并插入数据。

②向分区装载数据。

任务1.3 Hadoop 生态与 Hive

任务目标

①了解 Pig 基本的概念。

②了解 HBase 基本概念、实现流程。

③掌握如何运用 HBase。

知识学习

1. Pig

Pig 是处理大数据集的数据流语言。什么是数据流呢？就是处理数据的流程，可以一步步定义，比如第一步加载，第二步转换，第三步再转换，第四步存储。数据的走向，很类似前面在数据挖掘中进行的系列处理流程。因为 Pig 是数据流的语言，所以很适合做物质的数据探索和 ETL 阶段数据的非处理，它和 Spark 的思想很相似，所以也可以说 Spark 是实现正确的 Pig。为什么这样说？因为 Pig 和 Spark 都是数据流似的处理，Pig 有转换、行动操作，在 Spark 里面也一样。

Pig 数据流语言，如图 1-3-1 所示。

Pig 在 ETL 阶段还是用得很多的，而且对于一些数据挖掘人员来说，尤其是对探知一些未知数据非常合适。因为不需要指定任何的名称、类型就可以先加载，然后去匹配所有的数据，再去观察数据是怎样的，最后分析怎么去做转换。Pig 是一种语义很精准的语言，所以学起来也会很方便。

```
people = LOAD '/user/training/customers' AS (cust_id, name);
orders = LOAD '/user/training/orders' AS (ord_id, cust_id, cost);
groups = GROUP orders BY cust_id;
totals = FOREACH groups GENERATE group, SUM(orders.cost) AS t;
result = JOIN totals BY group, people BY cust_id;
DUMP result;
```

图 1-3-1　Pig 数据流语言

2. HBase

HBase 是 Apache Hadoop 中的一个子项目,HBase 依托于 Hadoop 的 HDFS 作为最基本存储基础单元,通过使用 Hadoop 的 DFS 工具就可以看到这些数据存储文件夹的结构,还可以通过 Map/Reduce 的框架(算法)对 HBase 进行操作,如图 1-3-2 所示。

图 1-3-2　Map/ Reduce 的框架

HBase 在产品中还包含了 Jetty,在 HBase 启动时采用嵌入式的方式来启动 Jetty,因此可以通过 Web 界面对 HBase 进行管理,以及查看当前运行的一些状态,非常轻巧。

（1）为什么采用 HBase

HBase 不同于一般的关系数据库,它是一个适合于非结构化数据存储的数据库。所谓非结构化数据存储,就是说 HBase 是基于列的而不是基于行的模式,这样方便读写用户的大数据内容。

HBase 是介于 Map Entry(key & value)和 DB Row 之间的一种数据存储方式。有点类似于 Memcache,但不仅仅是简单的一个 key 对应一个 value,很可能需要存储多个属性的数据结构,但没有传统数据库表中那么多的关联关系,这就是所谓的松散数据。

简单来说,在 HBase 中的表创建的可以看作是一张很大的表,而这个表的属性可以根据需求去动态增加,在 HBase 中没有表与表之间关联查询。只需要告诉用户的数据存储到 HBase 的哪个 column families 就可以了,不需要指定它的具体类型,如 char, varchar, int, tinyint, text 等。

注意: HBase 中不包含事务此类的功能。

Apache HBase 和 Google Bigtable 有非常相似的地方,一个数据行拥有一个可选择的键和任意数量的列。表是疏松存储的,因此用户可以给行定义各种不同的列,这样的功能在大项目中非常实用,可以简化设计和升级的成本。

（2）如何运行 HBase

从 Apache 的 HBase 的镜像网站上下载一个稳定版本的 HBase http://mirrors. devlib. org/apache/hbase/stable/hbase-0. 20. 6. tar. gz,下载完成后,对其进行解压缩。确定机器中已经正确安装了 Java SDK、SSH,否则将无法正常运行。

```
$ cd /work/hbase
```

进入此目录:

```
$ vim conf/hbase-env. sh
export JAVA_HOME = /JDK_PATH
```

编辑 conf/hbase-env. sh 文件,将 JAVA_HOME 修改为 JDK 安装目录:

```
$ vim conf/regionservers
```

输入所有 HBase 服务器名,localhost 或者是 IP 地址:

```
$ bin/start-hbase.sh
```

启动 HBase,中间需要输入两次密码,也可以设置为不需要输入密码,启动成功,如图 1-3-3 所示。

```
root@ubuntu-server216:/work/hbase# bin/start-hbase.sh
root@localhost's password:
localhost: starting zookeeper, logging to /work/hbase/bin/../logs/hbase-root-zookeeper-ubuntu-server216.out
starting master, logging to /work/hbase/bin/../logs/hbase-root-naster-ubuntu-server216.out
root@localhost's password:
localhost: starting regionserver, logging to /work/hbase/bin/../logs/hbase-root-regionserver-ubuntu-server216.out
root@ubuntu-server216/work/hbase#
```

图 1-3-3   启动 HBase

```
$ bin/hbase rest start
```

启动 HBase REST 服务后就可以通过对 uri: http://localhost:60050/api/ 的通用 REST 操作 (GET/POST/PUT/DELETE)实现对 HBase 的 REST 形式数据操作。

也可以输入以下指令进入 HQL 指令模式:

```
$ bin/hbase shell
$ bin/stop-hbase.sh
```

(3)关闭 HBase 服务

①启动时存在的问题:

由于 Linux 系统的主机名配置不正确,在运行 HBase 服务器中可能存在的问题,如图 1-3-4 所示。

```
2010-11-05 11:10:00.121 INFO org.apache.hadoop.hbase.master.HMaster: vmName=Java HotSpot[TN] Server VM, vmVendor=Sun Microsys
cos Inc.., vmVersion=16.3-b01
2010-11-05 11:10:00.121 INFO org.apache.hadoop.hbase.master.HMaster: vmInputArguments=[-Xmx1000m, -XX:HeapDumpOutOFMemory
ror, -XX:UseConcMarkSweepGC, -XX:CMSIncrementalMode, -XX:Heap DumpOnOut Of MemoryError, -XX:UseConcMarkSweepGC, -xx:CMS
mentalMode, -XX:HeapOumpOnOut Of MemoryError, XX:UseConcMarkSweepGC, -XX:CMSIncrementalMode, -Ohbase.log.dir=/work/hbase/bl
/../logs, -Ohbase.log.file=hbase-root-master-ubuntu-serber216.log, -Ohbase.home.dir=/work/hbase/bin/../, -Ohbase.id, str=root,
Ohbase.root.logger=INFO,DRFA, -Djava.library.path=/work/hbase/bin/../lib/native/Linux-i386-32]
2010-11-05 11:10:20,189 ERROR org.apache.hadoop.hbase.master.HMaster: Can not start master
java.net.UnknownHostException: ubuntu-server216: ubuntu-server216
        at Java.net.InetAddress.getLocalHost(InterAddress.java:1354)
        at org.apache.hadoop.net.DNS.getDefaultHost(DNS.java:185)
        at org.apache.hadoop.hbase.master.HMaster.<init>(HMaster.java:173)
        at org.apache.hadoop.hbase.LocalHBaseCluster.<init>(LocalHBaseCluster.java:94)
        at otg.apache.hadoop.hbase.LocalHBaseCluster.<init>(LocalHBaseCluster.java:78)
        at org.apache.hadoop.hbase.master.HMaster.doMain(HMaster.java:1229)
        at org.apache.hadoop.hbase.master.HMaster.main(HMaster.java:1274)
Fir nov 5 11:11:47 EDT 2010 Starting master on ubntu-server216
ulinit -n 1024
```

图 1-3-4   运行 HBase 服务器中可能存在的问题

```
    2010-11-05 11:10:20,189 ERROR org.apache.hadoop.hbase.master.HMaster: Can not start
master
    java.net.UnknownHostException: ubuntu-server216: ubuntu-server216
```

表示用户的主机名不正确,可以先查看/etc/hosts/中名称是什么,再用 hostname 命令进行修改:hostname you_server_name。

②查看运行状态:

如果用户需要对 HBase 的日志进行监控,可以查看 hbase. x. x. /logs/下的日志文件,可以使用 tai-f 命令来查看。

通过 Web 方式查看运行在 HBase 下的 ZooKeeper,Web 地址为 http://localhost:60010/zk. jsp。

如果用户需要查看当前的运行状态可以通过 Web 的方式对 HBase 服务器进行查看,如图 1-3-5 所示。

Master: ubuntu3:48268

Local logs, Thread Dump, Log Level, Debug dump,

Attributes

Attribute Name	Value	Description
HBase Version	0.94.13, r1536939	HBase version and revision
HBase Compiled	Wed Oct 30 00:25:06 UTC 2013, jenkins	When HBase version was compiled and by whom
Hadoop Version	1.0.4, r1393290	Hadoop version and revision
Hadoop Compiled	Thu Oct 4 20:40:32 UTC 2012, hortonfo	When Hadoop version was compiled and by whom
HBase Root Directory	hdfs://localhost:9000/hbase	Location of HBase home directory
Zookeeper Quorum	localhost:2181	Addresses of all registered ZK servers. For more, see zk dump.
HMaster Start Time	Fri Jan 03 15:40:26 CST 2014	Date stamp of when this HMaster was started
HMaster Active Time	Fri Jan 03 15:40:26 CST 2014	Date stamp of when this HMaster became active
Load average	2	Average number of regions per regionserver. Naive computation.
HBase Cluster ID	e9c55868-0f4d-4b46-a8b1-a57667b83d50	Unique identifier generated for each HBase cluster
Coprocessors	[]	Coprocessors currently loaded loaded by the master

Tasks

Show All Monitored Tasks Show non-RPC Tasks Show All RPC Handler Tasks Show Active RPC Calls Show Client Operations View as JSON
No tasks currently running on this node.

Tables

图 1-3-5　Web 的方式对 HBase 服务器查看运行状态

任务实施

本任务涉及进入 HBase 目录编辑其配置文件并启动 HBase,使学生更加深入地了解了如何配置 HBase。

HBase 的安装操作建议在学习完单元 3 再进行安装。

(1)下载安装包

解压到合适位置,并将权限分配给 Hadoop 用户。将 HBase 安装包通过第三方插件传入 CentOS 系统中,传入后进行解压等操作。

```
tar -zxf hbase-0. 94. 6. tar. gz
mv hbase-0. 94. 6 hbase
chown -R hadoop:hadoop hbase
```

（2）配置 hbase-site. xml

该文件位于/usr/local/hbase/conf。

```
<property>
        <name>hbase. master</name>
        <value>master:6000</value>
</property>
<property>
        <name>hbase. master. maxclockskew</name>
        <value>180000</value>
</property>
<property>
        <name>hbase. rootdir</name>
        <value>hdfs://master:9000/hbase</value>
</property>
<property>
        <name>hbase. cluster. distributed</name>
        <value>true</value>
</property>
<property>
        <name>hbase. zookeeper. quorum</name>
        <value>master</value>
</property>
<property>
        <name>hbase. zookeeper. property. dataDir</name>
        <value>/home/${user. name}/tmp/zookeeper</value>
</property>
<property>
        <name>dfs. replication</name>
        <value>1</value>
</property>
```

（3）配置 regionservers

该文件位于/usr/local/hbase/conf。

设置运行 HBase 的机器,此文件配置和 Hadoop 中的 slaves 类似,一行指定一台机器,本次实验仅用一台机器,删除原来文件中的 localhost,替换为 master。

```
$ vim conf/regionservers
master
```

（4）设置 HBase 环境变量

文件位于/etc/profile,在其末尾添加以下命令:

```
export HBASE_HOME = /usr/local/hbase
export PATH = $ PATH: $ HBASE_HOME/bin
```

将环境变量生效:

```
source /etc/profile
```

（5）启动 Hadoop

在终端输入 start-hbase. sh,查看运行的进程:

```
stop-hbase. sh
```

同步训练

【实训题目】

在 apache. org 上查找 Hadoop 生态系统,并了解 HBase 和 Hive 有哪些关系与区别。

【实训目的】

①掌握 Hive 是 Hadoop 整个生态体系,如用作数据仓库的工具,底层使用 HDFS 进行数据存储。

②掌握 Hive 和 HBase 有哪些关系。

【实训内容】

①在 apache. org 上查找 Hadoop 生态系统。

②在 apache. org 上查找 Hive。

③在 hbase. apache. org 上下载 HBase 压缩包并进行安装配置。

④启动 HBase。

⑤练习 HBase Shell 命令,Hive Shell 命令。

■ 单元小结

本单元介绍了 Hive 安装前的准备,解释了 Hive 技术如此之火的原因。通过与传统数据库的对比,更明确了 Hive 技术与传统技术的优缺点,Hive 之所以被各个领域所广泛使用,也正是因为它本身的这些优点。通过对 Hive 的搭建,不仅使学生掌握了 Hive 环境的部署,更深入地了解 Hive 的特性与优越性。通过对本单元的学习,相信学生可以产生对 Hive 的学习兴趣。

单元 2
环境准备

▣ 学习目标

【知识目标】
- 了解 VMware 的基本概念。
- 了解 SecureCRT Portable 的基本概念。
- 掌握 Hive 的基本概念。
- 掌握 JDK 的配置信息。

【能力目标】
- 学会安装 Hive 前的环境。
- 学会安装 Hive 的环境准备。
- 学会免密登录的技能。

▣ 学习情境

公司研发部根据工程师小张对 Hive 工具的分析和 Hive 的测试,利用 Hive 提供完整的 SQL 查询功能,可以将 SQL 语句转换为 MapReduce 任务进行运行。可以在研发部内推广该工具,工程师小张负责对 Hive 工具的基本使用做出一套规范性的手册以供团队人员学习,手册上主要包括安装 Hive 的环境准备、Hive 安装与配置。

▌ 任务 2.1 VMware 与 SecureCRT Portable

任务目标

①了解什么是 VMware,以及使用 VMware 的虚拟化的优势。
②掌握 VMware 软件的安装、虚拟机的创建和配置。
③掌握外连软件 SecureCRT Portable 使用方法。

知识学习

1. VMware 简介

VMware(威睿)虚拟机软件,是全球桌面到数据中心虚拟化解决方案的领导厂商。全球不同规模的客户依靠 VMware 来降低成本和运营费用、确保业务持续性、加强安全性并走向绿色。

2008 年,VMware 年收入达到 19 亿美元,拥有逾 150 000 的用户和接近 22 000 多家合作伙伴,是增长最快的上市软件公司之一。VMware 总部设在加利福尼亚州的帕罗奥多市(Palo Alto)。

VMware 在虚拟化和云计算基础架构领域处于全球领先地位,所提供的经客户验证的解决方案可通过降低复杂性以及更灵活、敏捷地交付服务来提高 IT 效率。VMware 使企业可以采用能够解决其独有业务难题的云计算模式。VMware 提供的方法可在保留现有投资并提高安全性和控制力的同时,加快向云计算的过渡。

2. VMware 的虚拟化

(1)VMware 虚拟化前

①每台主机一个操作系统。

②软件硬件紧密地结合。

③在同一主机上运行多个应用程序通常会遭遇冲突。

④系统的资源利用率低。

⑤硬件成本高昂而且不够灵活。

(2)VMware 虚拟化后

①打破了操作系统和硬件的互相倚赖。

②通过封装到虚拟机的技术,管理操作系统和应用程序为单一的个体。

③强大的安全和故障隔离。

④虚拟机是独立于硬件的,它们能在任何硬件上运行。

(3)四大特性

①分区:在单一物理服务器上同时运行多个虚拟机。

②隔离:在同一服务器上的虚拟机之间相互隔离。

③封装:整个虚拟机都保存在文件中,而且可以通过移动和复制这些文件的方式来移动和复制该虚拟机。

④相对于硬件独立:无须修改即可在任何服务器上运行虚拟机。

任务实施

本任务主要讲的是虚拟机的安装与连接第三方软件,让学生掌握如何安装 CentOS 系统、如何配置网卡和连接第三方插件。

首先准备 VMware 虚拟机,选择新建虚拟机。

1. 安装 VMware

VMware Workstation 12 Pro for Windows(64 位)的下载官方适用地址:

http://www.vmware.com/cn/products/workstation/workstation-evaluation.html。

2. 创建一个 VMware 虚拟机

①打开 VMware 软件,然后单击主菜单栏的"文件"→"新建虚拟机"命令,弹出"新建虚拟机向导"对话框,选中"典型"单选按钮,如图 2-1-1 所示。

单击"下一步"按钮,弹出图 2-1-2 所示的窗口,选中"稍后安装操作系统"单选按钮。

单击"下一步"按钮,弹出图 2-1-3 所示的窗口,选择虚拟机中将要安装的操作系统类型和版

图 2-1-1　"新建虚拟机向导"对话框

本,此处以安装 Linux 系统的 CentOS 64 位版本为例进行介绍。

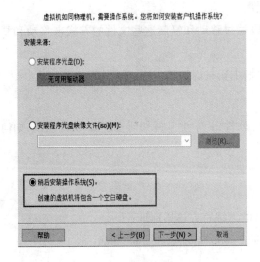

图 2-1-2　安装操作系统

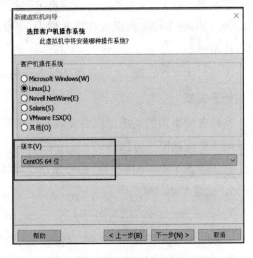

图 2-1-3　选择客户机操作系统

　　单击"下一步"按钮,设置虚拟机的名称和虚拟机的保存位置,名称可以随便取,保存位置默认是保存在 C 盘的某个目录,但不建议放在 C 盘,可放到 D 盘下的某个目录(如 D：\VMware Virtual Machines\CentOS7),便于以后管理。

②在 VMware 中安装 CentOS 7 以上版本的虚拟机。

如图 2-1-4 所示,设置虚拟机的最大硬盘空间的大小,默认是 20 GB,一般来说,10 GB 就绝对够用了。

图 2-1-4 选择镜像文件

3. VMware 虚拟机安装配置的选项

VMware 虚拟机安装配置的选项,如图 2-1-5 所示。

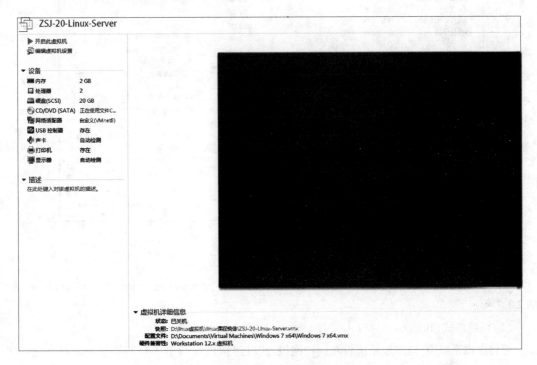

图 2-1-5 安装配置

①虚拟机的内存大小建议分配 2 GB 空间,不要超过宿主机内存大小的一半。

②虚拟机的处理器的设置,可以和 CPU 处理器的设置保持一致。默认设置为:处理器的数量为1,处理器的核心数为2(即双核处理器)。一般来说,使用默认值即可,如果用户希望虚拟机的性能非常好,就修改为最大值。

③虚拟机的硬盘大小就是刚刚分配的硬盘大小,硬盘数量默认只有一块,如果有必要,可以再添加一块或多块硬盘。

④虚拟机的 CD/DVD(IDE)(即光驱)设置,光驱的设置非常重要,它关系到能否成功给虚拟机装上操作系统。在设备状态处,可以看到"已连接"复选框并没有被选中,这是因为该虚拟机还未开机,开机之后必须保证它被选中,否则,就会检测不到光驱,不能为虚拟机安装操作系统。由于真实机没有物理驱动器(物理光驱),也没有系统光盘,故这里选择"使用 ISO 映像文件",然后单击右侧的"浏览"按钮,选择下载好的系统镜像文件。

4. VMware 的网卡配置

VMware 的网卡配置,如图 2-1-6 所示。

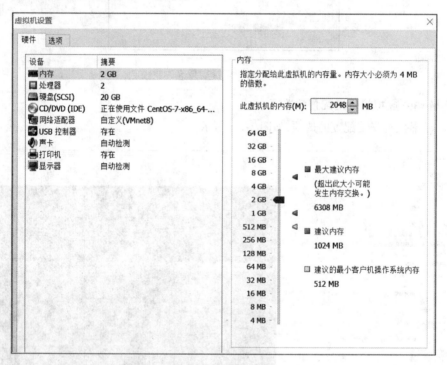

图 2-1-6　网卡配置

5. 本地虚拟网卡与 VMware 网卡配置

打开 VMware,在主菜单选择"虚拟机"→"设置"菜单命令,打开"虚拟机设置"对话框,如图 2-1-7 所示。

(1)桥接模式(Bridge)

可将虚拟系统 IP 与本地系统设在同一网段,此时虚拟机相当于一台网络中与本机共用一个 Hub(集线器)的独立设备,网络中其他机器与虚拟机器、本地宿主机与虚拟机之间均可以双向访问。此时虚拟机与网络中其他机器的地位是对等的,虚拟机能否连接外网取决于路由器的相关设置。具体配置如图 2-1-8 和图 2-1-9 所示。

图 2-1-7 本地虚拟网卡与网卡配置

图 2-1-8 桥接模式(1)

图2-1-9　桥接模式(2)

（2）NAT 模式（建议使用）

①工作原理。

该模式同样能实现本机系统与虚拟机系统的双向访问，网络中其他机器无法访问虚拟系统，但虚拟系统可通过 NAT 协议访问其他机器。NAT 协议的 IP 地址分配机制：虚拟系统使用 DHCP 协议自动获得 IP 地址，本机系统中的 VMWare Services 会为虚拟系统分配一个内部 IP。

在这种模式下，会发现本机的网络连接中出现了一个虚拟网卡 VMnet8，此时 VMnet8 就相当于一个接到内网的网卡，虚拟系统等同于运行在位于实体机之后的内网之中，虚拟系统内部的网卡 eth0 则独立于 VMnet8。由于 VMWare Workstation 自带 NAT 服务，因此提供了从 VMnet8 内网到外网的 IP 地址转换。

注意：NAT 即 Network Address Translation，网络地址转换，一种广域网接入技术，用于将私有地址转化为合法的 IP 地址。NAT 技术很好地解决了 IP 地址不足的问题，并且能够有效预防来自网络的攻击（外网机器无法访问内网子系统）。

②虚拟机连接外网配置方法。

a. 运行 VMWare Workstation，选择需配置的虚拟系统，但先不要启动。

b. 选择主菜单中 Edit→Virtual Network Editor。

c. 在弹出的对话框内的表格中选择 VMnet8 NAT。

d. 单击 NAT Setting 按钮，在 NAT Setting 对话框中查看 NAT 网关地址（Gateway IP）。以本人测试时的网络环境为例，假设为 192.168.0.202。

e. 启动虚拟系统，在虚拟系统内右击"网上邻居"选择属性，打开网络连接。

f. 选中虚拟系统的网卡，右击，在快捷菜单中选择"属性"，在出现的本地连接属性对话框中的"此链接使用下列项目"一栏下，选中"Internet"协议，双击该项目。

g. 进行如下设置：

- IP 地址：192.168.0.202（与 NAT 网关 VMnet8 设为同一网段）。

- 子网掩码：255.255.255.0（与 NAT 网关 VMnet8 相同）。

- 默认网关：192.168.0.254（NAT 网关 VMnet8 IP 地址）。

- 首选 DNS 服务器：实体机的网关地址。

（3）Host-Only 模式

①工作原理：

该模式只能进行虚拟机与本地主机之间的网络通信，网络中其他机器不能访问虚拟机，虚拟机同样也不能访问其他机器。选择该模式，实体机系统中会出现一个虚拟网卡 VMnet1。

②连接外网配置方法。

a. 选中实体机系统中可连接外网的网卡，右击，在快捷菜单中选择"属性"。

b. 在"本地连接属性"对话框中选择"高级"选项卡。

c. 在 Internet 连接共享下，将允许其他网络用户通过此计算机的 Internet 连接来连接一项勾选。

d. 在家庭网络连接一栏中选择 VMnet1，确定并保存设置。

e. 在实体机中查看 VMnet1 网卡的 Internet 协议属性，会发现其 IP 地址自动设为了 192.168.0.1（仍然以用户测试时的网络环境为例）。

f. 启动进入虚拟系统，对虚拟系统内部网卡的 Internet 协议属性如图 2-1-10、图 2-1-11 所示。

● IP 地址：192.168.0.202（与 VMnet1 在同一网段）。

● 子网掩码：255.255.255.0（与 VMnet1 相同）。

● 默认网关：192.168.0.254（VMnet1 IP 地址）。

```
[root@simple02 ~]# ip a
1: lo: <LOOPBACK,UP,LOWER_UP> mtu 16436 qdisc noqueue state UNKNOWN
    link/loopback 00:00:00:00:00:00 brd 00:00:00:00:00:00
    inet 127.0.0.1/8 scope host lo
    inet6 ::1/128 scope host
       valid_lft forever preferred_lft forever
2: eth0: <BROADCAST,MULTICAST,UP,LOWER_UP> mtu 1500 qdisc pfifo_fast state UP qlen 1000
    link/ether 00:0c:29:35:8e:0f brd ff:ff:ff:ff:ff:ff
    inet 192.168.0.202/24 brd 192.168.0.255 scope global eth0
    inet6 fe80::20c:29ff:fe35:8e0f/64 scope link
       valid_lft forever preferred_lft forever
3: pan0: <BROADCAST,MULTICAST> mtu 1500 qdisc noop state DOWN
    link/ether 62:fb:82:6c:15:6c brd ff:ff:ff:ff:ff:ff
[root@simple02 ~]#
```

图 2-1-10 查看网络情况

```
C:\Users\jing>ping 192.168.0.202

正在 Ping 192.168.0.202 具有 32 字节的数据：
来自 192.168.0.202 的回复: 字节=32 时间<1ms TTL=64
来自 192.168.0.202 的回复: 字节=32 时间<1ms TTL=64
来自 192.168.0.202 的回复: 字节=32 时间<1ms TTL=64
来自 192.168.0.202 的回复: 字节=32 时间<1ms TTL=64

192.168.0.202 的 Ping 统计信息:
    数据包: 已发送 = 4，已接收 = 4，丢失 = 0 (0% 丢失)，
往返行程的估计时间(以毫秒为单位):
    最短 = 0ms，最长 = 0ms，平均 = 0ms

C:\Users\jing>
```

图 2-1-11 查看是否 ping 通

（4）Not use 模式

此模式不适用网络，虚拟系统相当于一个不联网的单机系统。

6. 使用外连软件 SecureCRT Portable

①在宿主机上确认虚拟网卡是否正确工作，并查看其 IP 地址，如本例中，宿主机的虚拟网卡

VMnet8 的 IP 地址为:192.168.0.1/24。

VMnet8 是 VMware 用于 NAT 连接的虚拟网卡,如图 2-1-12 所示。

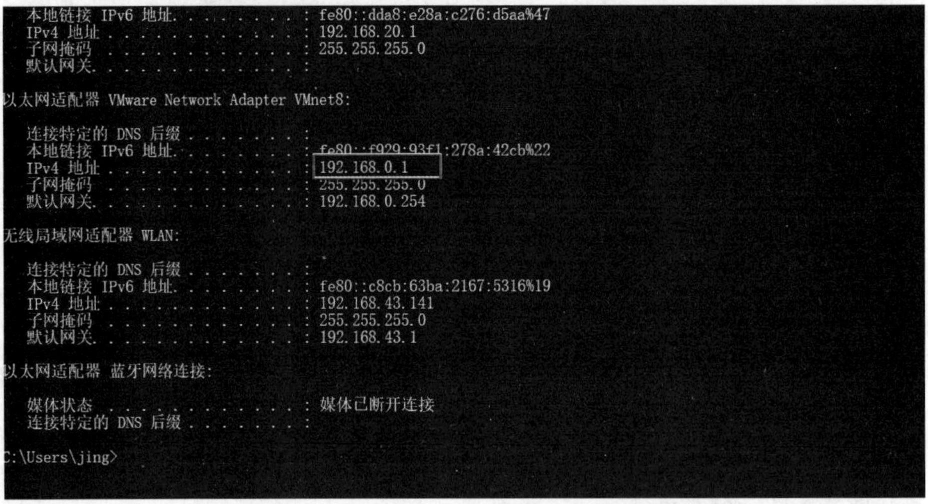

图 2-1-12　查看 IP 地址

②打开虚拟机软件 VMWare8,启动虚拟机中的 Linux,这里以 RHEL6.3 为例,使用 root 用户名和密码登录到系统,如图 2-1-13 所示。

```
[root@simple02 ~]#
```

图 2-1-13　使用 root 用户名和密码登录到系统

③使用 ipconfig 命令,查看 Linux 的 IP 地址。如果显示的 eth0 的地址和宿主机 IP 地址在同一个网段,那么一般可以通信了,如果不在同一个网段,可以手工进行配置。

使用命令 ipconfig eth0 192.168.0.202 可以简单配置 eth0 的 IP 地址,也可以对配置文件进行编辑来详细配置,执行命令 vi /etc/sysconfig/network-scripts/ipcfg-eth0,如图 2-1-14 所示。

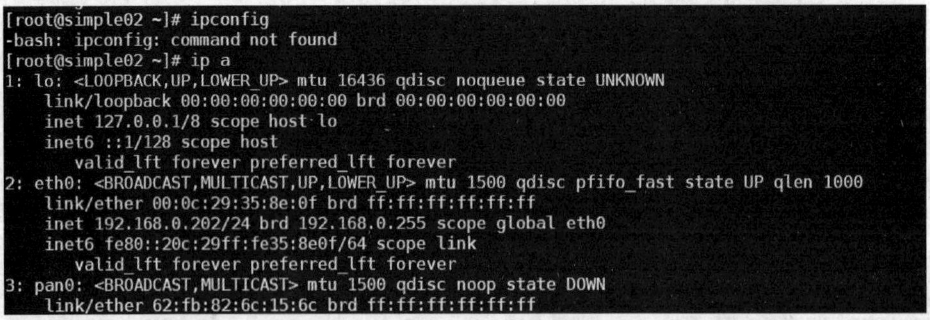

图 2-1-14　查看配置的网络

④如果修改了配置文件,需要重启网络服务。service network restart 之后使用 ipconfig 命令,查看 IP 地址是否正确,并使用 ping 命令查看能否正常连接到宿主机:

```
ping 192.168.0.1
```

也可以试试能不能 ping 通 www.baidu.com 这样的域名。如果能 ping 通 IP 地址,不能 ping 通域名,则说明 DNS 没有配置,可以使用步骤⑤方法进行配置,如图 2-1-15 所示。

```
[root@simple02 ~]# ping 192.168.0.1
PING 192.168.0.1 (192.168.0.1) 56(84) bytes of data.
64 bytes from 192.168.0.1: icmp_seq=1 ttl=128 time=0.220 ms
64 bytes from 192.168.0.1: icmp_seq=2 ttl=128 time=0.199 ms
64 bytes from 192.168.0.1: icmp_seq=3 ttl=128 time=0.222 ms
64 bytes from 192.168.0.1: icmp_seq=4 ttl=128 time=0.261 ms
^V64 bytes from 192.168.0.1: icmp_seq=5 ttl=128 time=0.158 ms
64 bytes from 192.168.0.1: icmp_seq=6 ttl=128 time=0.254 ms
64 bytes from 192.168.0.1: icmp_seq=7 ttl=128 time=0.254 ms
64 bytes from 192.168.0.1: icmp_seq=8 ttl=128 time=0.174 ms
^Z
[1]+  Stopped                 ping 192.168.0.1
[root@simple02 ~]#
```

图 2-1-15　测试是否 ping 通

⑤DNS 配置。

执行命令 vi /etc/resolv. conf,增加两行:

```
nameserver 8.8.8.8;
nameserver 221.5.88.88;
```

如图 2-1-16 所示,Linux 已经能正常连接到宿主机了。

```
nameserver 8.8.8.8
nameserver 221.5.88.88
```

图 2-1-16　查看是否添加成功

⑥打开 xftp,单击"新建连接"按钮,在"快速连接"对话框中,输入主机名 192. 168. 0. 202(即 Linux 的 IP 地址),用户名 root,之后单击"连接"按钮,弹出对话框,如图 2-1-17 所示。

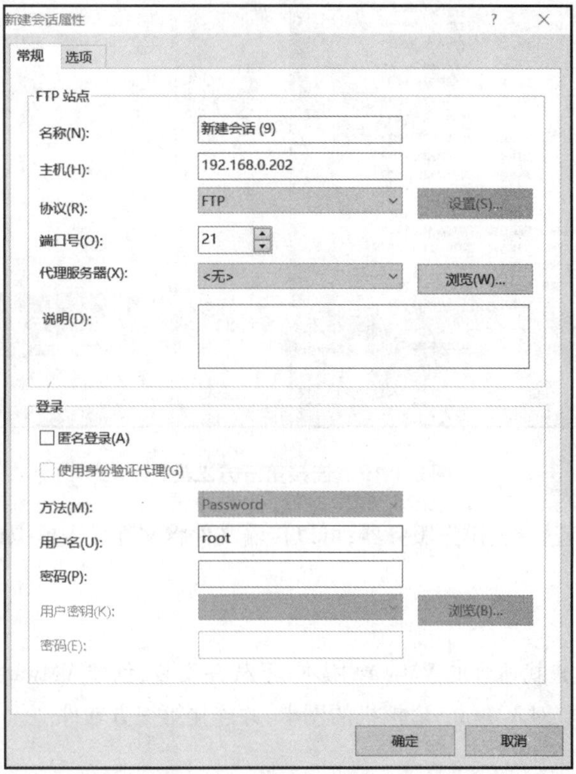

图 2-1-17　连接第三方工具(1)

⑦在弹出的密码输入框中输入密码。

如果是自己常用的计算机,可以选择"保存密码",如果是公用计算机,不要选中,之后单击"确定"按钮开始登录,如图2-1-18所示。

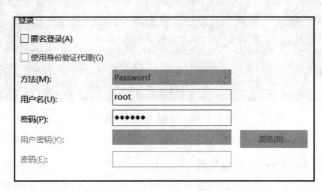

图2-1-18 连接第三方工具(2)

⑧这样,ftp便登录到Linux中了,可以执行相关命令了,如图2-1-19所示。

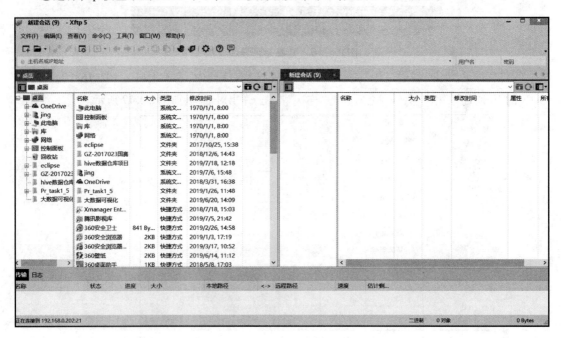

图2-1-19 连接第三方工具(3)

⑨使用ftp可以远程登录、操作服务器;可以传输文件将文件导入虚拟机中。

同步训练

【实训题目】

在VMware.com上查找适合的VMware版本,下载并安装,创建VMware虚拟机、配置VMware虚拟机的安装配置选项、对VMware虚拟机的网卡,并连接第三方软件。

【实训目的】

①掌握如何安装虚拟机,如下载、安装、配置选项。

②掌握网卡的设置及是否能与第三方工具连接。

【实训内容】

①搜索 VMware.com 上适合的 VMware 版本。

②下载搜索到的 VMware。

③创建 VMware 虚拟机。

④配置 VMware 虚拟机的安装配置选项。

⑤配置 VMware 虚拟机的网卡配置。

⑥连接第三方软件。

任务2.2 JDK 的配置

任务目标

①了解 JDK 的简介,并选择其版本。

②了解 Hive 与 JDK 的关系。

③掌握上传 JDK 的介质。

④掌握 JDK 的安装和配置方法。

⑤配置 JDK 的环境变量。

⑥检验 JDK 是否配置成功。

知识学习

1. JDK 的简介

JDK(Java Development Kit,Java 开发工具包)由 SUN 公司(已被甲骨文公司收购)提供,它为 Java 程序开发提供了编译和运行环境,所有的 Java 程序的编写都依赖于它。使用 JDK 可以将 Java 程序编写为字节码文件,即 .class 文件。

2. JDK 的版本

(1)Java SE:标准版,主要用于开发桌面应用程序。

(2)Java EE:企业版,主要用于开发企业及应用程序,如电子商务网站、ERP 系统等。

(3)Java ME:微缩版,主要用于开发移动设备、嵌入式设备上的 Java 应用程序。

3. 上传 JDK 的介质

首先在虚拟机上架设 FTP(File Transfer Protocol)服务,或者直接用 SFTP(Secure File Transfer Protocol)。

然后,获取 JDK 下载地址,然后在 Linux 内执行 wgetdownload_url,即可下载到当前目录。如果没有 wget 命令,可以使用 yum install wget 来安装 wget。如果使用的虚拟机软件是 VirtualBox,那么可以安装增强包,就可以在虚拟机和 PC 之间创建共享文件夹。

以上最简单、最直接的就是使用 MobaXterm 连接虚拟机,将文件直接拖至虚拟机文件夹中,如图 2-2-1 所示。

4. tar 的解压与压缩

在系统中很多都是需要操作不同的命令来实现需求的,那对于压缩文件或者是解压文件是需要用到操作的技巧的,怎么使用 tar 解压和压缩命令来操作呢? 接下来就讲解一下对于 Linux 的 tar 压缩命令和解压缩命令的操作方法。

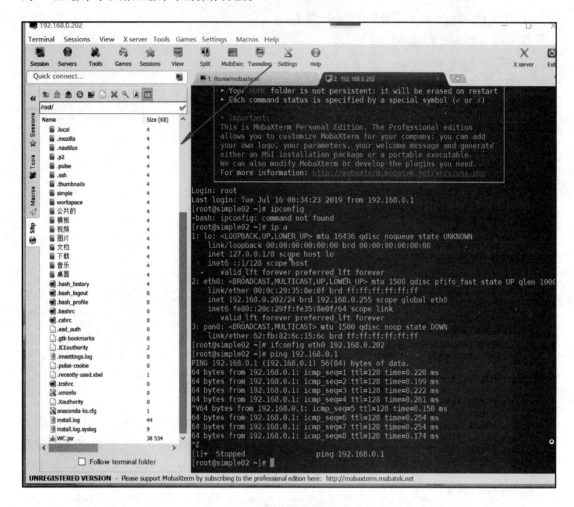

图 2-2-1　文件共享

- c:建立压缩档案。

- x:解压。

- t:查看内容。

- r:向压缩归档文件末尾追加文件。

- u:更新原压缩包中的文件。

以上这五个是独立的命令,压缩解压都要用到其中一个,可以和别的命令连用,但只能用其中一个。下面的参数是根据需要在压缩或解压档案时可选的。

- z:有 gzip 属性的。

- j:有 bz2 属性的。

- Z:有 compress 属性的。

- v:显示所有过程。

-O:将文件解开到标准输出。

-f:使用档案名字。切记,这个参数是最后一个参数,后面只能接档案名。

```
# tar -cf all.tar *.jpg
```

注意:参数-f是必需的。

以上这条命令是将所有.jpg的文件打成一个名为all.tar的包。-c是表示产生新的包,-f指定包的文件名。

```
# tar -rf all.tar *.gif
```

以上这条命令是将所有.gif的文件增加到all.tar的包里面去。-r是表示增加文件的意思。

```
# tar -uf all.tar logo.gif
```

以上这条命令是更新原来tar包all.tar中logo.gif文件,-u是表示更新文件的意思。

```
# tar -tf all.tar
```

以上这条命令是列出all.tar包中所有文件,-t是列出文件的意思。

```
# tar -xf all.tar
```

以上这条命令是解出all.tar包中所有文件,-t是解开的意思。

```
tar -cvf jpg.tar *.jpg        //将目录里所有jpg文件打包成tar.jpg
tar -czf jpg.tar.gz *.jpg     //将目录里所有jpg文件打包成jpg.tar后,并且将其用gzip
压缩,生成一个gzip压缩过的包,命名为jpg.tar.gz
tar -cjf jpg.tar.bz2 *.jpg    //将目录里所有jpg文件打包成jpg.tar后,并且将其用
bzip2压缩,生成一个bzip2压缩过的包,命名为jpg.tar.bz2
tar -cZfjpg.tar.Z *.jpg       //将目录里所有jpg文件打包成jpg.tar后,并且将其用
compress压缩,生成一个umcompress压缩过的包,命名为jpg.tar.Z
rar a jpg.rar *.jpg           //rar格式的压缩,需要先下载rar for linux
zip jpg.zip *.jpg             //zip格式的压缩,需要先下载zip for linux
```

解压命令如下:

```
tar -xvf file.tar            //解压tar包
tar -xzvf file.tar.gz        //解压tar.gz
tar -xjvf file.tar.bz2       //解压tar.bz2
tar -xZvffile.tar.Z          //解压tar.Z
unrar e file.rar             //解压rar
unzip file.zip               //解压zip
```

根据tar解压和压缩命令总结如下:

①*.tar用tar -xvf解压。

②*.gz用gzip -d或者gunzip解压。

③*.tar.gz和*.tgz用tar -xzf解压。

④*.bz2用bzip2 -d或者用bunzip2解压。

⑤*.tar.bz2用tar -xjf解压。

⑥*.Z用uncompress解压。

⑦*.tar.Z用tar -xZf解压。

⑧ *.rar 用 unrar e 解压。

⑨ *.zip 用 unzip 解压。

任务实施

本任务主要介绍了如何配置 JDK,使同学们熟练掌握安装 JDK 的过程。

在官方网站中下载 JDK,选择 tar 包下载,下载之后通过第三方插件传入虚拟机任意指定路径,将此路径的压缩包通过 tar 命令进行解压,再按照以下操作进行解压。

①下载 JDK。按照需要选择不同的版本。这里选择的是:

```
jdk-7u91-linux-x64.tar.gz
```

②解压将下载下来的 .tar.gz 文件解压。使用如下命令解压:

```
tar -zxvf ./jdk-7u91-linux-x64.tar.gz
```

③设置环境变量编辑 profile 文件。在终端输入如下命令:

```
vi/etc/profile
```

在该文件的末尾,加上以上几行代码:

```
export JAVA_HOME = /opt/Java/jdk/jdk
export CLASSPATH = ${JAVA_HOME}/lib
export PATH = ${JAVA_HOME}/bin:$PATH
```

④source 配置文件生效。

```
$ source /etc/profile
```

⑤输出 JAVA_HOME 路径,查看配置是否生效。

```
$ echo $JAVA_HOME
```

⑥输出以下内容说明配置已经生效。

```
/usr/local/jdk1.8.0_211
```

⑦验证通过以上步骤,JDK 已安装完成,输入以下命令验证:

```
java-version
```

同步训练

【实训题目】

配置 JDK 的环境变量,检验 JDK 是否配置成功。

【实训目的】

①掌握 JDK 的环境变量配置方法。

②掌握 JDK 的检验。

【实训内容】

①选择合适的 JDK 版本。

②上传 JDK 的介质。

③使用 tar 命令解压并压缩 JDK。

▌任务2.3 免密登录

①了解什么是免密登录用户。

②了解免密登录的好处。

③掌握如何进行免密登录的操作。

知识学习

1. 免密登录用户

同台机器之间实现普通用户之间的免密登录:NN01 的 user1 免密登录 user2,不同机器之间实现普通用户之间的免密登录:NN01 的 user1 免密登录 NN01 的 user1。

(1)同台机器之间实现普通用户之间的免密登录

普通用户之间的免密登录和使用 root 进行免密登录,基本设置都是一样的,只不过普通用户之间需要修改 . ssh 和 authorized_keys 的权限免密才能生效。

①登录 user1 的前提下,如下代码所示:

```
ssh-keygen
```

使用 ssh-keygen 命令,一直按回车键,就可以生成当前机器的公钥 id_rsa. pub:

```
Cp . ~/.ssh/id_rsa.pub /home/user2/ssh/id_rsa.pub.user1
```

user2 目录下没有 . ssh,可以使用 mkdir 创建。

②登录 user2:

```
Cat ~./ssh/id_rsa.pub.user1 >> ~/.ssh/authorized_keys
```

如果 authorized_keys 不存在,使用 touch 命令创建:

```
Chmod 700 ~/.ssh
Chmod 600 ~/.ssh/authorized_keys
```

重新在 user 登录 user2,第一次需要输入密码第二次不需要输入密码就可以直接登录。

(2)不同机器之间实现普通用户之间的免密登录

基本设置同上差不多,只不过不同机器之间需要使用 scp 来复制,在 NN01 登录 user1 的前提下,如下代码所示:

```
ssh-keygen
```

使用 ssh-keygen 命令,一直按回车键,就可以生成当前机器的公钥 id_rsa. pub:

```
scp . ~/ssh/id_rsa.pub /home/user2/.ssh/id_rsa.pub.nn01
```

后缀主要为了区分这个公钥是哪台机器。

在 NN02 登录 user1:

```
Cat ~/.ssh/id_rsa.pub.nn01 >> ~/.ssh/authorized_keys
Chmod 700 ~/.ssh
Chmod 600 ~/.ssh/authorized_keys
```

重新在 NN01 上使用 ssh user1@ NN02 远程登录 NN02,第一次需要输入密码,第二次不需要输入密码就可以直接登录。

2. 免密登录的优点

使用免密登录后,在登录上只需成功登录一次后就能享受一键登录,帮助用户减少登录操作,在登录时间上也大幅度减少,比短信、账密登录都要快捷,技术上也为用户信息做到了保障。

任务实施

本任务主要介绍了如何使用免密登录,使学生能够更清楚地了解免密登录的好处与快捷。进入虚拟机中进行以下操作:

1. SSH 免密码配置

①在 Linux 系统的终端任意目录下,通过切换命令 cd ~/. ssh 进入到 . ssh 目录下,并通过 pwd 查看该目录路径,如图 2-3-1 所示。

```
[root@simple02 ~]# cd ~/.ssh
[root@simple02 .ssh]# pwd
/root/.ssh
[root@simple02 .ssh]#
```

图 2-3-1　进入 . ssh

②查看 . ssh 目录下内容,执行命令 ls,此刻没有任何文件夹,如图 2-3-2 所示。

```
[root@simple02 .ssh]# ls
[root@simple02 .ssh]#
```

图 2-3-2　查看信息

③在 Linux 系统命令框的 . ssh 目录下执行命令 ssh-keygen -t rsa(连续按 4 次回车键),执行完上面命令后,会生成两个文件 id_rsa(私钥)、id_rsa. pub(公钥),如图 2-3-3 所示。

```
[root@simple02 .ssh]# ssh-keygen -t rsa
Generating public/private rsa key pair.
Enter file in which to save the key (/root/.ssh/id_rsa):
Enter passphrase (empty for no passphrase):
Enter same passphrase again:
Your identification has been saved in /root/.ssh/id_rsa.
Your public key has been saved in /root/.ssh/id_rsa.pub.
The key fingerprint is:
54:d8:14:2a:25:80:b0:59:d6:46:5c:70:ae:75:8a:cb root@simple02
The key's randomart image is:
+--[ RSA 2048]----+
|..o=+++ .++.     |
| =. +o o.o.      |
|o  . + +         |
|    + =          |
|   o . S         |
|    . .          |
|    E            |
|                 |
|                 |
+-----------------+
[root@simple02 .ssh]#
```

图 2-3-3　生成私钥和公钥

④查看公钥和私钥内容,执行命令 cat id_rsa 和 cat id_rsa. pub,查看公钥和私钥的信息,如图 2-3-4 所示。

```
[root@simple02 .ssh]# ls
id_rsa  id_rsa.pub
[root@simple02 .ssh]# cat id_rsa
-----BEGIN RSA PRIVATE KEY-----
MIIEogIBAAKCAQEA5ZV1YyWJ/plCJAmRkAT69yMlCKdwO/G5aTXlONo0ImjlrVNR
+i/NZmjQNi3OJ5rPBJAGM8AyiTj3nakiT0iLpGnqFmC2jgFzV16otyoOli4oShbf
b3GBg/kwC1QukKhwG1W8Tsml1OP+xjf/HHtbktx08Na4quSN/YqPtFhtJbnTssj9
RzoMormXDsOItwJ5a+PY1AICRVkuQsTO+4YTOaJsaKVmmanRHxbjO/xDrWP7+8Jk
XogTvllGQSAY7wVSTSLBDwRCx3fFnyCpt48I1DlWY32hyEqhwYrzvTIaGRV+sI3u
wDN4y4p9EOb166POZBnAGlR5B4qOgtvytnP7swIBIwKCAQEAvjoCLZQh4ZTtqNS6
cAQgZl7yzKf96IZ1DggVssNtBpFt2MFhLmIfN5ishKmcL3GkNvr90xuXlkUk8Fjw
itW1iDqAISuP8gEzrsrGTp8wqFIhYfWx0V4MOiY9wD5vubAiX8qx+CNsJWx0A1L3
8wcf/Vd0m6qZAqAd4LSi9IPIJpEWDDS1fUgAf9WUPTBKiF3itJ/VnuiFbqKujC2W
peOtakWcq20upb/468tN/Ellkw/kKZINUxn7nYIpw3QnqEqbfA4QTRD3M2OoniZY
ENFhVKmjVmauSqUpEmi8dlEexiJqfFQt9KUIfHwynQ3+SJc5QvZeBZztNPhweqIz
nIL4cwKBgQD7/KwDY3KH4/E24K/1ja0ahdPrtG3eUZ8HbRcxlLPhnCWKj/kDy80h
khltulTbz5HkZQNG+YIWFu3ks6mj0J7lM4Iay8u18EVpAtNDbmM1XVsaIOERHqrh
UyCeKFrB1cLMY7DIOZeaw9A5Ms5PzHfN5NH/ZSde/ElOKX0BS1i+ZQKBgQDpPXNu
TJPuEthDVvyaT8mT6MHH/rB6Fez75eCGeaym8Rc2auH+XhhOKcpMWf9gCQWIol5L
GzYUmdlxWvMZHlMA5QJvR1A2W2HO5kJuwh14ep69v9oE7m59NOMZ2egzHzrQrfv3
48MIw09n4sEjx4/5LnawViBCYWTb6KzWcGuENwKBgHpkyJPueXU0M1UrTibPyRuC
1KWvaJCOC2oByW/bTVBTKC1b31mdgORriLGjpY9WMOtHAZeAgQNqOQivCUDwTS1/
axRUW6GDVOnczQN+wnkBdWR2XrCLPQ5bk4AE+OHOOguA4NZH2+wV92w9P6MaK4/k
K3wMj3dHVs4xaJo6ijCXAoGBAJlFo6BA838w9IQF9nQIi8eY9F7akTpI7DCBHoRB
VDMwt3uIENpbF0lOqYKhio+Q5mEaPfbXXg2JrCXrT0sFTHzuQ22yhSsI2d+74oNM
XIJfNR2bVMFpe86fGOUaKt/EELUEnkPQL7VLlgJwcEq2V0v59jldKyROoV1PwglC
Cj8vpAoGAbB896QsNEVLybgj8B1WPraRr+jh0VEIuARcnFQLMnvnNSB6nI1qh6zS/
UaKmtWgZQErS2vSlnaUT0dnDd67zxQQkqLKjelqpJ+cEBeaNX9Vw7+PKMyctKZ4r
dC8x6LxKlPRI9IUweGwlWx0rK8hlfwrG6MMOLDDz733nlFuJAZk=
-----END RSA PRIVATE KEY-----
[root@simple02 .ssh]#
```

图 2-3-4　查看信息

⑤在 simple02 上执行 ssh-copy-id simple02 命令(相关于该主机给自身设置免密码登录),根据提示输入 yes 并输入访问主机所需要的密码,如图 2-3-5 所示。

```
id_rsa  id_rsa.pub
[root@simple02 .ssh]# ssh-copy-id simple02
The authenticity of host 'simple02 (192.168.0.202)' can't be established.
RSA key fingerprint is 5c:35:ce:b7:0a:73:c8:b9:1d:3a:e9:84:5e:83:c4:d8.
Are you sure you want to continue connecting (yes/no)? yes
Warning: Permanently added 'simple02,192.168.0.202' (RSA) to the list of known hosts.
root@simple02's password:
Permission denied, please try again.
root@simple02's password:
Permission denied, please try again.
root@simple02's password:
Permission denied (publickey,gssapi-keyex,gssapi-with-mic,password).
[root@simple02 .ssh]# ssh-copy-id simple02
root@simple02's password:
Permission denied, please try again.
root@simple02's password:
Now try logging into the machine, with "ssh 'simple02'", and check in:

  .ssh/authorized_keys

to make sure we haven't added extra keys that you weren't expecting.
```

图 2-3-5　复制至本机

⑥在 simple02 机器上切换到 . ssh 目录 cd ~/. ssh,如图 2-3-6 所示。

```
[root@simple02 .ssh]# cd ~/.ssh
[root@simple02 .ssh]#
```

图 2-3- 6   切换 . ssh 目录

⑦查看 . ssh 目录下的内容,在 . ssh 目录下多了一个文件 authorized_key,其内容就是密码值,此时就可以直接访问 simple02 了,如图 2-3-7 所示。

```
[root@simple02 .ssh]# ls
authorized_keys  id_rsa  id_rsa.pub  known_hosts
[root@simple02 .ssh]#
```

图 2-3-7   查看目录内容

⑧执行 ssh simple02 命令,然后输入一次访问密码之后,以后再访问 simple02 主机即可不用输入密码就连接到 simple02 上,如图 2-3-8 所示。

```
[root@simple02 .ssh]# ssh simple02
Last login: Thu Jul 25 01:50:19 2019 from 192.168.0.1
[root@simple02 ~]#
```

图 2-3-8   连接本机

2. 进行免密登录实验

①使用 ssh-keygen 生成私钥公钥对,一直按【Enter】键即可,如图 2-3-9 所示。

```
[root@simple02 ~]# ssh-keygen
Generating public/private rsa key pair.
Enter file in which to save the key (/root/.ssh/id_rsa):
/root/.ssh/id_rsa already exists.
Overwrite (y/n)? y
Enter passphrase (empty for no passphrase):
Enter same passphrase again:
Your identification has been saved in /root/.ssh/id_rsa.
Your public key has been saved in /root/.ssh/id_rsa.pub.
The key fingerprint is:
95:35:8b:a9:53:33:0c:7c:cc:8b:19:5d:6d:0f:ac:26 root@simple02
The key's randomart image is:
+--[ RSA 2048]----+
|     ..+ .+o     |
|     oo== o=     |
|      =X..o o    |
|     o+Eoo  .    |
|      S o        |
|       .         |
|                 |
|                 |
|                 |
+-----------------+
[root@simple02 ~]#
```

图 2-3-9   生成私钥公钥对

②查看生成的公钥,使用 cat /root/. ssh/id_rsa. pub 命令目的是验证该文件查看到的结果为加密过后的文件,如图 2-3-10 所示。

```
[root@simple02 ~]# cat /root/.ssh/id_rsa.pub
ssh-rsa AAAAB3NzaC1yc2EAAAABIwAAAQEAsqnXFu3eqjufPZkSB8S4T0+x3EcI2pSMjpB65+c1fOtv
/ibqJfsoGTZTKBAOhoDf9i+gQAHbcU+SpFS8tTWovpf9dwYEIoc//HNuWq0wYJ9y5HPIkUj51YS3clHB
yIe8kerTuCrgmzONxmMOg9dqW2jb40Zzii9w9FQnKT4/HSYg+5fh/1tW+vHmdmqlHuWaT/m4UhRXZMcz
0JiyQ2peOkNNX73kESP+NbY+M8M2vAqhTcM1W6WOQfg9MODXy+nmKCuoD3934wHaHiytEqOCEG83mWNS
y7dggWvW1jOKQENBxKS6wZT1gDOS38irqeqa0mJsiR0Y4jrwjbtDthvRjQ== root@simple02
```

图 2-3-10　生成私钥公钥对

③将公钥推送到远端服务器上:

```
ssh-copy-id -i ~/. ssh/id_rsa. pub 192.168.0.202
```

第一次需要验证密码,如图 2-3-11 所示。

```
[root@simple02 ~]# ssh-copy-id -i ~/.ssh/id_rsa.pub
ssh: Could not resolve hostname /root/.ssh/id_rsa.pub: Name or service not known
[root@simple02 ~]# ssh-copy-id -i ~/.ssh/id_rsa.pub 192.168.0.202
Now try logging into the machine, with "ssh '192.168.0.202'", and check in:

  .ssh/authorized_keys

to make sure we haven't added extra keys that you weren't expecting.
```

图 2-3-11　验证密码

④再次登录的时候就不需要输入密码了,说明配置免密成功,如图 2-3-12 所示。

```
[root@simple02 ~]# ssh 192.168.0.202
\Last login: Fri Jul 19 07:00:29 2019 from 192.168.0.1
[root@simple02 ~]#
```

图 2-3-12　查看是否免密成功

同步训练

【实训题目】

选择一个普通用户,使用 ssh-keygren 生成公钥,将公钥推送到远程服务器上,完成免密登录。

【实训目的】

①掌握免密登录的优点,如不输入密码登录用户。

②掌握免密登录的方法,如生成公钥、将公钥推送到远程服务器上。

【实训内容】

进入 CentOS 系统,选择普通用户,生成公钥将公钥推送到远程服务器上完成免密登录。

■ 单元小结

本单元首先介绍了安装 Hive 前的环境准备，令学生明白 VMware 广泛应用的原因。然后，通过 Hive 对 VMware 进行详细的介绍，更加明确了 VMware 的优缺点，加深了学生对 VMware 的理解。这一单元包括 VMware 的简介、SecureCRT Portable 的基本概念、JDK 的配置、免密登录。通过对本单元的学习，相信可以激发学生对安装 Hive 的环境配置的学习兴趣。

单元 3
Hadoop搭建和配置

■ 学习目标

【知识目标】

- 了解 Hadoop 搭建的基本信息。
- 掌握 Hadoop 的基本配置。

【能力目标】

- 学会上传并解压 Hadoop 压缩包。
- 能配置 Hadoop 的环境变量，修改 Hadoop 的配置文件。
- 能启动 Hadoop 服务并检查 Hadoop 是否启动成功。

■ 学习情境

经过公司研发部小张提供的手册，团队人员都进行了学习和使用，在使用 Hive 前要将 Hadoop 搭建起来，所以工程师小张又将 Hadoop 搭建基本流程做出了一套规范性的手册以供团队人员学习，手册上有详细搭建 Hadoop 的过程，以及基本配置信息。

▌ 任务 3.1　Hadoop 搭建

任务目标

① 上传 Hadoop 的介质并解压 Hadoop 压缩包。

② 配置 Hadoop 的环境变量并修改 Hadoop 的配置文件。

③ 启动 Hadoop 服务。

④ 检查 Hadoop 的成功。

知识学习

1. 上传 Hadoop 的介质

（1）block

Hdfs 将一个大文件切割成多个小文件，在 2.0 版本中每个小文件的大小为 128 MB，这些小文件被称作为块（block）。

（2）NameNode

NameNode 管理文件系统的命名空间。它维护着文件系统树及整棵树内所有的文件和目录。这些信息以两个文件形式永久保存在本地磁盘上：命名空间镜像文件和编辑日志文件。NameNode 也记录着每个文件中各个块所在的数据节点信息，但它并不永久保存块的位置信息，因为这些信息在系统启动时由数据节点重建。

（3）DataNode 的工作机制

① 一个数据块在 DataNode 上以文件形式存储在磁盘上，包括两个文件，一个是数据本身，另一个是元数据，包括数据块的长度、块数据的校验，以及时间戳。

②DataNode 启动后向 NameNode 注册，通过后，周期性（1 小时）地向 NameNode 上报所有的块信息。

③心跳是每 3 秒一次，心跳返回的结果将 NameNode 带给 DataNode，如复制块数据到另一台机器或删除某个数据块。如果超过 10 分钟没有收到某个 DataNode 的心跳，则认为该节点不可用。

④集群运行中可以安全加入和退出一些机器。

2. 解压 Hadoop 压缩包

使用 tar 命令将 Hadoop 压缩包进行解压缩：

```
tar -xzvfhadoop-2.6.0-cdh5.7.6.tar.gz -C /usr/local/Hadoop
```

3. 配置 Hadoop 的环境变量

（1）安装 JDK

安装路径：上传时按［Alt + P］组合键后出现 sftp 窗口：

```
put d:\xxx\jdk-7u91-linux-x64.tar
```

（2）配置 JDK 环境变量

①创建文件夹：

```
mkdir /home/hadoop/app
```

②解压：

```
tar -zxvfjdk-7u91-linux-x64.tar.gz -C /home/hadoop/app
```

③将 java 添加到环境变量中：

```
vim /etc/profile
```

在文件最后添加：

```
export JAVA_HOME = /home/hadoop/app/jdk
export PATH = $ PATH: $ JAVA_HOME/bin
```

④刷新配置：

```
source /etc/profile
```

（3）上传 Hadoop 安装包

上传 Hadoop 的安装包至服务器的/home/hadoop/路径下。

4. 配置 Hadoop 环境变量

```
HADOOP_HOME = /home/hadoop /hadoop
```

```
PATH = $ HADOOP_HOME/bin: $ PATH
export HADOOP_HOME PATH
```

5. 修改 Hadoop 的配置文件

（1）修改 hadoop-env. sh 配置文件

```
#The java implementation to use.
export JAVA_HOME = /home/hadoop/app/jdk
```

（2）修改 yarn-env. sh 配置文件

```
#some Java parameters
export JAVA_HOME = /home/y/libexec/jdk1. 6. 0/
export JAVA_HOME = /home/hadoop/app/jdk
```

（3）修改 slaves 文件

```
slave1
slave2
```

（4）修改 core-site. xml 文件

先在本地创建/home/hadoop/hadoop/tmp 目录，如图 3-1-1 所示。

```
<configuration>
 <property>
        <name>fs.defaultFS</name>
        <!-- lantingshuxu为主节点主机名  -->
        <value>hdfs://hadoop01:9000</value>
    </property>
    <!--配置操作hdfs的缓存大小-->
    <property>
        <name>io.file.buffer.size</name>
        <value>4096</value>
    </property>

    <!-- 指定hadoop运行时产生文件的存储目录  -->
    <property>
        <name>hadoop.tmp.dir</name>
        <value>file:///home/hadoop/hadoop/tmp</value>
    </property>
</configuration>
-- 插入 --
```

图 3-1-1　vi core-site. xml

（5）修改 hdfs-site. xml 文件

使用 vi hdfs-sife. xml 命令修改文件，如图 3-1-2 所示。

注意：需要在本地创建/home/hadoop/hadoop/namenode 和/home/hadoop/hadoop/datanode 目录。

（6）修改 mapred-site. xml. template 文件为 mapred-site. xml

```
cp mapred-site. xml. template mapred-site. xml
vi mapred-site. xml
```

```
<!-- Put site-specific property overrides in this file. -->

<configuration>
 <!-- 指定HDFS副本的数量,默认3 -->
    <property>
        <name>dfs.replication</name>
        <value>3</value>
    </property>
<!-- 块大小 -->
    <property>
        <name>dfs.block.size</name>
        <value>134217728</value>
    </property>
<!-- hdfs的元数据存储的位置 -->
    <property>
        <name>dfs.namenode.name.dir</name>
        <value>file:///home/hadoop/hadoop/namenode</value>
    </property>
<!-- hdfs的数据存放的位置 -->
    <property>
        <name>dfs.datanode.data.dir</name>
        <value>file:///home/hadoop/hadoop/datanode</value>
    </property>
<!-- hdfs的namenode的web ui 地址 -->
    <property>
        <name>dfs.http.address</name>
        <value>hadoop01:50070</value>
    </property>
<!--hdfs的snn的web ui 地址 -->
    <property>
        <name>dfs.secondary.http.address</name>
        <value>hadoop01:50090</value>
    </property>
<!-- 是否开启web操作hdfs -->
-- 插入 --
```

```
<!--hdfs的snn的web ui 地址 -->
    <property>
        <name>dfs.secondary.http.address</name>
        <value>hadoop01:50090</value>
    </property>
<!-- 是否开启web操作hdfs -->
    <property>
        <name>dfs.webhdfs.enabled</name>
        <value>true</value>
    </property>
<!-- 是否启用hdfs的权限（acl）-->
    <property>
        <name>dfs.permissions</name>
        <value>flase</value>
    </property>

</configuration>
-- 插入 --
```

图 3-1-2　vi hdfs-site. xml

编辑显示如图 3-1-3 所示。

```
<!-- Put site-specific property overrides in this file. -->

<configuration>
<!--指定mapreduce运行框架-->
    <property>
        <name>mapreduce.framework.name</name>
        <value>yarn</value>


    </property>
</configuration>
```

图 3-1-3　vi mapred-site. xml

(7)修改 yarn-site. xml 文件

使用 vi yarn-site. xml 命令修改文件,如图 3-1-4 所示。

```
-->
<configuration>
<!-- 指定rm所启动的服务器主机名 -->
    <property>
        <name>yarn.resourcemanager.hostname</name>
        <value>hadoop01</value>
    </property>
<!-- 指定mr的shuffle -->
    <property>
        <name>yarn.nodemanager.aux-services</name>
        <value>mapreduce_shuffle</value>
    </property>
    <property>
        <name>yarn.nodemanager.aux-services.mapreduce.shuffle.class</name>
        <value>org.apache.hadoop.mapred.ShuffleHandler</value>
    </property>
<!-- 指定rm的内部通信地址 -->
    <property>
        <name>yarn.resourcemanager.address</name>
        <value>hadoop01:8032</value>
    </property>
<!-- 指定rm的scheduler的内部通信地址 -->
    <property>
        <name>yarn.resourcemanager.scheduler.address</name>
        <value>hadoop01:8030</value>
    </property>
<!-- 指定rm的resource-tracker的内部通信地址 -->
    <property>
        <name>yarn.resourcemanager.resource-tracker.address</name>
        <value>hadoop01:8031</value>
    </property>
<!-- 指定rm的admin的内部通信地址 -->
    <property>
        <name>yarn.resourcemanager.admin.address</name>
        <value>hadoop01:8033</value>
                                                              48,1          34%
```

```
<!-- 指定rm的admin的内部通信地址 -->
    <property>
        <name>yarn.resourcemanager.admin.address</name>
        <value>hadoop01:8033</value>
    </property>
<!-- 指定rm的web ui 监控地址 -->
    <property>
        <name>yarn.resourcemanager.webapp.address</name>
        <value>hadoop01:8088</value>
    </property>
<property>
   <name>yarn.nodemanager.vmem-check-enabled</name>
   <value>false</value>
</property>

<property>
        <name>yarn.nodemanager.vmem-check-enabled</name>
        <value>false</value>
</property>

</configuration>
~
~
```

图 3-1-4 vi yarn-site. xml

6. 启动 Hadoop 服务

①启动命令:start-all. sh。

②启动顺序:NameNode、DateNode、SecondaryNameNode、JobTracker、TaskTracker。

③停止命令:stop-all. sh。

④关闭顺序性:JobTracker、TaskTracker、NameNode、DateNode、SecondaryNameNode。

7. 检查 Hadoop 的成功

在 Hadoop 安装目录 bin 里,运行 ./start-all.sh 启动集群,使用 jps 命令查看启动状态,最后可以看到启动后的信息。

任务实施

本任务涉及安装 Hadoop 及安装 Hadoop 前所需的准备,让学生清晰地了解了安装 Hadoop 需要哪些准备。

在安装好的虚拟机上,进行以下操作:

1. 安装虚拟机的环境

安装 VMware Workstation 12 Pro for Windows,具体见任务 2.1。

2. 安装操作系统

CentOS,红帽开源版,接近于生产环境;Ubuntu,操作简单,方便,界面友好。

3. 安装一些常用的软件

在每台 Linux 虚拟机上安装 Vim、SSH,在客户端安装 MobaXterm _ Personal _7.7 或者 SecureCRT,Winscp 或 Putty 等,可以通过 SSH 远程访问 Linux 虚拟机,Winscp 或 Putty 也可以传输文件(MobaXterm_Personal_7.7 既可以远程访问虚拟机也可以传输文件)。

4. 修改主机名和网络配置

主机名分别为:master、host2、host3、host4。修改网络配置:

```
vim /etc/hostname
```

5. 修改/etc/hosts 文件

修改每台计算机的 hosts 文件,hosts 文件和 Windows 上的功能是一样的。存储主机名和 IP 地址的映射,在每台 Linux 上,使用 vim /etc/hosts 命令编写 hosts 文件。将主机名和 IP 地址的映射填写进去。编辑完后,结果如图 3-1-5 所示。

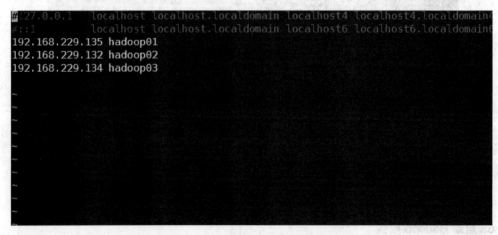

图 3-1-5 主机名和 IP 地址的映射

6. 配置 SSH,实现无密码登录

无密码登录,效果也就是在 master 上,通过 ssh host2、ssh host3 或 ssh host4 就可以登录到对方

计算机上,而且不用输入密码。

①在 Master 上以用户名 user 登录。

```
ssh-keygen -t rsa
```

一直按【Enter】键,不需要输入密码;执行该操作将在/home/user/. ssh 下生成 id_rsa, id_rsa. pub 文件,其中 id_rsa. pub 是公钥。

②在另一台机器上做步骤①或自行创建/home/user/. ssh 文件夹,注意文件夹权限设置为 700,将 id_rsa. pub 复制到此机器上。

```
scp id_rsa. pub host2: ~ /. ssh/master. id_rsa. pub
```

③将复制到 host2 机器上的 master. id_rsa. pub 复制到 authorized_keys 文件中。

```
cp master. id_rsa. pub authorized_keys
```

若有多个主机要访问,使用 > > 添加到 authorized_keys 文件中。

7. 上传 JDK,并配置环境变量

通过 winSCP 将文件上传到 Linux 中。将文件放到/usr/lib/java 中,4 个 Linux 都要操作。

使用 tar-zxvf jdk1. 7. 0_21. tar 命令解压缩,使用 vi/etc/profile 设置环境变量,然后在最下面添加:

```
export JAVA_HOME = /usr/lib/java/jdk1.7.0_21
export PATH = $ JAVA_HOME/bin: $ PATH
```

修改完后,用 source /etc/profile 让配置文件生效。

8. 上传 Hadoop,配置 Hadoop

通过 winSCP,上传 Hadoop 到/usr/local/下,解压缩 tar -zxvf hadoop1. 2. 1. tar, 再重命名为 sudo mv hadoop1. 2. 1 hadoop,这样目录就变成/usr/local/hadoop。

①修改环境变量,将 hadoop 加进去(最后 4 个 Linux 都操作一次)。

```
vi/etc/profile
export HADOOP_HOME = /usr/local/hadoop
export PATH = $ JAVA_HOme/bin: $ HADOOP_HOME/bin: $ PATH
```

修改完后,用 source/etc/profile 让配置文件生效。

②修改/usr/local/hadoop/conf 下配置文件,如图 3-1-6 所示。

```
hadoop-env. sh
```

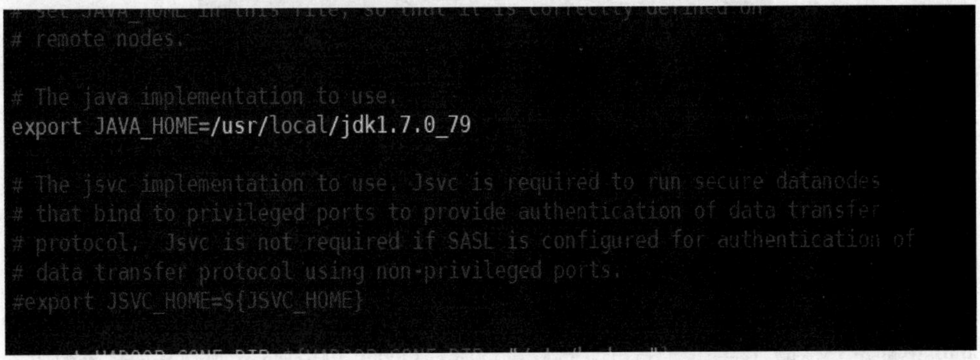

图 3-1-6 修改/usr/local/hadoop/conf 下配置文件

hdfs-site. xml 配置文件如图 3-1-7 所示。

```
<!-- Put site-specific property overrides in this file. -->

<configuration>
 <!-- 指定HDFS副本的数量,默认3 -->
    <property>
        <name>dfs.replication</name>
        <value>3</value>
    </property>
 <!-- 块大小 -->
    <property>
        <name>dfs.block.size</name>
        <value>134217728</value>
    </property>
 <!-- hdfs的元数据存储的位置 -->
    <property>
        <name>dfs.namenode.name.dir</name>
        <value>file:///home/hadoop/hadoop/namenode</value>
    </property>
 <!-- hdfs的数据存放的位置 -->
    <property>
        <name>dfs.datanode.data.dir</name>
        <value>file:///home/hadoop/hadoop/datanode</value>
    </property>
 <!-- hdfs的namenode的web ui 地址 -->
    <property>
        <name>dfs.http.address</name>
        <value>hadoop01:50070</value>
    </property>
 <!--hdfs的snn的web ui 地址 -->
    <property>
        <name>dfs.secondary.http.address</name>
        <value>hadoop01:50090</value>
    </property>
 <!-- 是否开启web操作hdfs -->
-- 插入 --
```

```
<!--hdfs的snn的web ui 地址 -->
    <property>
        <name>dfs.secondary.http.address</name>
        <value>hadoop01:50090</value>
    </property>
 <!-- 是否开启web操作hdfs -->
    <property>
        <name>dfs.webhdfs.enabled</name>
        <value>true</value>
    </property>
 <!-- 是否启用hdfs的权限（acl）-->
    <property>
        <name>dfs.permissions</name>
        <value>flase</value>
    </property>
</configuration>
```

图 3-1-7　hdfs-site. xml 配置文件

mapred-site. xml 配置文件如图 3-1-8 所示。

查看 Master 节点如图 3-1-9 所示。查看 Slave 节点如图 3-1-10 所示。

上面的 hadoop-env. sh、core-site. xml、mapred-site. xml、hdfs-site. xml、master、slave 几个文件,在 4 台 Linux 中都是一样的,配置完一台计算机后,可以将 Hadoop 包,直接复制到其他计算机上。

③最后要将 Hadoop 的用户加进去(3 个 hadoop 分别是用户名、用户组和目录名)。

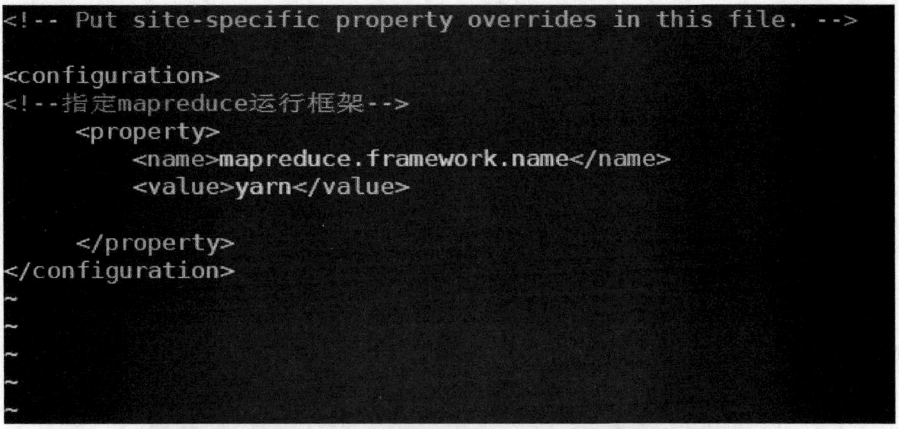

```
<!-- Put site-specific property overrides in this file. -->

<configuration>
<!--指定mapreduce运行框架-->
    <property>
        <name>mapreduce.framework.name</name>
        <value>yarn</value>

    </property>
</configuration>
~
~
~
~
~
~
```

图 3-1-8   mapred-site. xml 配置文件

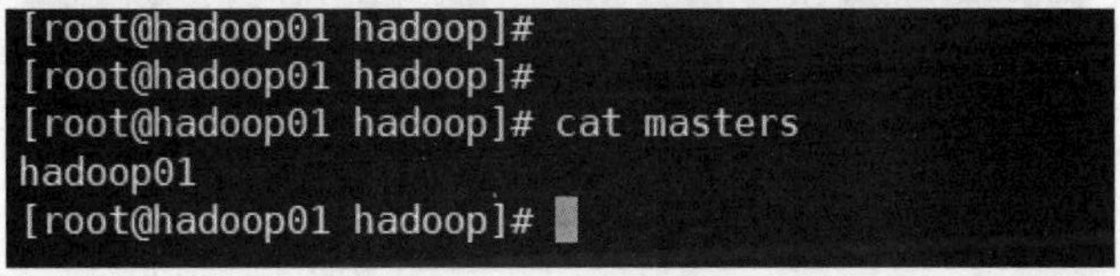

```
[root@hadoop01 hadoop]#
[root@hadoop01 hadoop]#
[root@hadoop01 hadoop]# cat masters
hadoop01
[root@hadoop01 hadoop]#
```

图 3-1-9   Master

```
[root@hadoop01 hadoop]#
[root@hadoop01 hadoop]# cat slaves
hadoop01
hadoop02
hadoop03
[root@hadoop01 hadoop]#
```

图 3-1-10   Slave

```
chown -R hadoop:hadoop hadoop
```

④让 Hadoop 配置生效。

```
source hadoop-env. sh
```

⑤格式化 NameNode,只格式一次。

```
hadoop namenode -format
```

⑥启动 Hadoop。

切到/usr/local/hadoop/bin 目录下,执行 start-all. sh,启动所有程序。

⑦查看进程,是否启动,如图 3-1-11 所示。

```
jps
```

host2 的显示结果如图 3-1-12 所示。

host3、host4 的显示结果与 host2 相同。

⑧使用 hdfs dfsadmin-report 命令检查 Hadoop HDFS 是否启动成功。

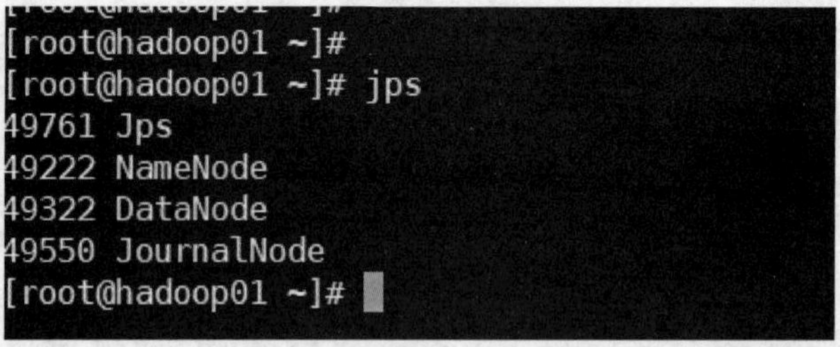

```
[root@hadoop01 ~]#
[root@hadoop01 ~]#
[root@hadoop01 ~]# jps
49761 Jps
49222 NameNode
49322 DataNode
49550 JournalNode
[root@hadoop01 ~]#
```

图 3-1-11　查看进程

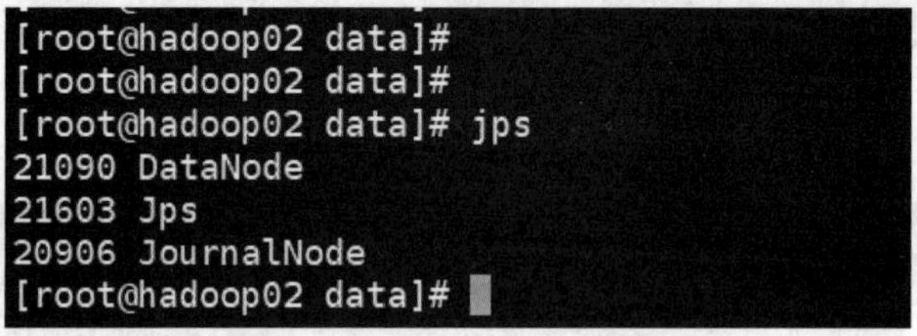

```
[root@hadoop02 data]#
[root@hadoop02 data]#
[root@hadoop02 data]# jps
21090 DataNode
21603 Jps
20906 JournalNode
[root@hadoop02 data]#
```

图 3-1-12　host2 的显示结果

运行结果如下：

```
[root@ hadoop01 ~] $ hdfs dfsadmin -report
Configured Capacity: 7967756288 (7.42 GB)
Present Capacity: 5630824448 (5.24 GB)
DFS Remaining: 5630799872 (5.24 GB)
DFS Used: 24576 (24 KB)
DFS Used% : 0.00%
Under replicated blocks: 0
Blocks with corrupt replicas: 0
Missing blocks: 0
```

同步训练

【实训题目】

完成 CentOS 系统下的 Hadoop 的安装。

【实训目的】

①掌握 Hadoop 的安装。

②掌握如何启动 Hadoop。

③掌握 Hadoop 是否启动成功。

【实训内容】

①安装 Hadoop。

②在 CentOS 系统中安装 Hadoop。

③启动 Hadoop 并检验是否启动成功。

任务3.2 Hadoop 配置

任务目标

①MapReduce 的综述。

②Hadoop 的介绍。

知识学习

1. Hadoop 简介

（1）Hadoop 的整体框架

Hadoop 由 HDFS、MapReduce、HBase、Hive 和 ZooKeeper 等成员组成，其中最基础、最重要元素为底层用于存储集群中所有存储节点文件的文件系统 HDFS（Hadoop Distributed File System）。来执行 MapReduce 程序的 MapReduce 引擎。Hadoop 的整体框架如图 3-2-1 所示。

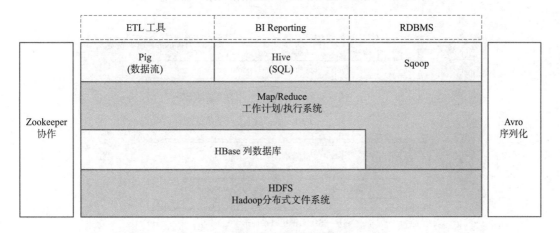

图 3-2-1　Hadoop 整体框架

①Pig 是一个基于 Hadoop 的大规模数据分析平台，Pig 为复杂的海量数据并行计算提供了一个简单的操作和编程接口。

②Hive 是基于 Hadoop 的一个工具，提供完整的 SQL 查询，可以将 SQL 语句转换为 MapReduce 任务进行运行。

③ZooKeeper 是高效的、可拓展的协调系统，存储和协调关键共享状态。

④HBase 是一个开源的，基于列存储模型的分布式数据库。

⑤HDFS 是一个分布式文件系统，有着高容错性的特点，适合那些超大数据集的应用程序。

⑥MapReduce 是一种编程模型，用于大规模数据集（大于 1 TB）的并行运算。

如图 3-2-2 所示，是一个典型的 Hadoop 集群的部署结构。

Hadoop 各组件依赖共存关系，如图 3-2-3 所示。

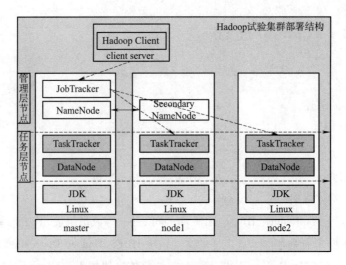

图 3-2-2　Hadoop 集群的部署结构

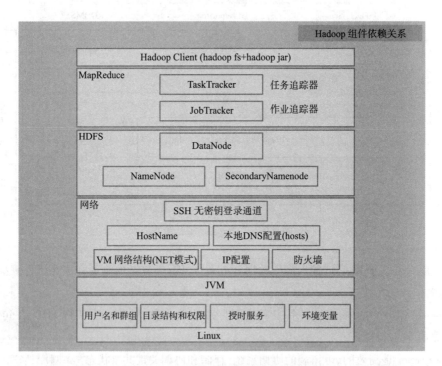

图 3-2-3　Hadoop 各组件依赖共存关系

（2）Hadoop 的核心设计

Hadoop 的核心设计如图 3-2-4 所示。

①HDFS。

HDFS 是一个高度容错性的分布式文件系统，可以被广泛地部署于廉价的 PC 上。它以流式访问模式访问应用程序的数据，这大大提高了整个系统的数据吞吐量，因而非常适合用于具有超大数据集的应用程序中。

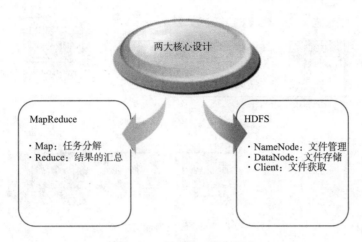

图 3-2-4　Hadoop 核心设计

HDFS 的架构如图 3-2-5 所示。HDFS 架构采用主从架构（master/slave）。一个典型的 HDFS 集群包含一个 NameNode 节点和多个 DataNode 节点。NameNode 节点负责整个 HDFS 文件系统中的文件的元数据的保管和管理，集群中通常只有一台机器上运行 NameNode 实例，DataNode 节点保存文件中的数据，集群中的机器分别运行一个 DataNode 实例。在 HDFS 中，NameNode 节点被称为名称节点，DataNode 节点被称为数据节点。DataNode 节点通过心跳机制与 NameNode 节点进行定时通信。

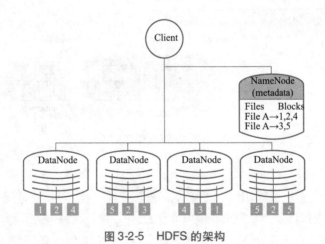

图 3-2-5　HDFS 的架构

Client 就是需要获取分布式文件系统文件的应用程序。

以下来说明 HDFS 如何进行文件的读/写操作。

● HDFS 的文件存储，如图 3-2-6 所示。

a. Client 向 NameNode 发起文件写入的请求。

b. NameNode 根据文件大小和文件块配置情况，返回给 Client 所管理部分 DataNode 的信息。

c. Client 将文件划分为多个文件块，根据 DataNode 的地址信息，按顺序写入到每一个 DataNode 块中。

● 文件读取，如图 3-2-7 所示。

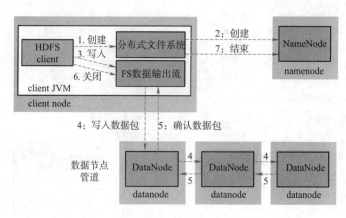

图 3-2-6　HDFS 如何储存文件

a. Client 向 NameNode 发起文件读取的请求。

b. NameNode 返回文件存储的 DataNode 的信息。

c. Client 读取文件信息。

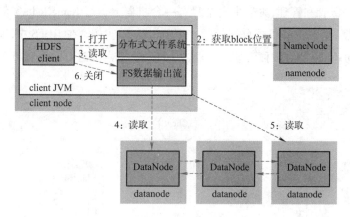

图 3-2-7　HDFS 读取文件

②MapReduce。

MapReduce 是一种编程模型,用于大规模数据集的并行运算。Map(映射)和 Reduce(化简),采用分而治之思想,先把任务分发到集群多个节点上,并行计算,然后再把计算结果合并,从而得到最终计算结果。多节点计算,所涉及的任务调度、负载均衡、容错处理等,都由 MapReduce 框架完成,不需要编程人员关心这些内容。

MapReduce 的处理过程,如图 3-2-8 所示。用户提交任务给 JobTracer,JobTracer 把对应的用户程序中的 Map 操作和 Reduce 操作映射至 TaskTracer 节点中;输入模块负责把输入数据分成小数据块,然后把它们传给 Map 节点;Map 节点得到每一个 key/value 对,处理后产生一个或多个 key/value 对,然后写入文件;Reduce 节点获取临时文件中的数据,对带有相同 key 的数据进行迭代计算,然后把终结果写入文件。

如果这样解释还是太抽象,可以通过下面一个具体的处理过程来理解(WordCount 实例),如图 3-2-9 所示。

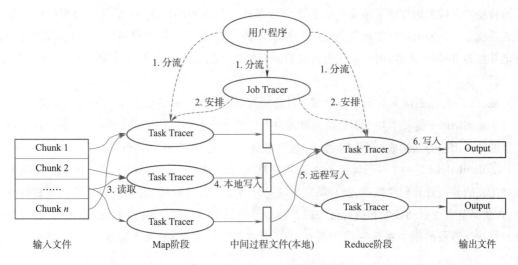

图 3-2-8　MapReduce 的处理过程

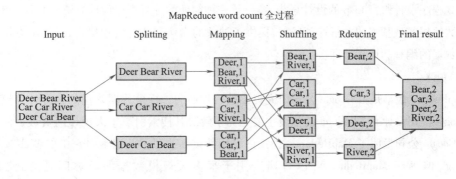

图 3-2-9　WordCount 实例

　　Hadoop 的核心是 MapReduce,而 MapReduce 的核心又在于 Map 和 Reduce 函数。它们是交给用户实现的,这两个函数定义了任务本身。

　　Map 函数:接收一个键值对(key-value pair)(如图 3-2-9 中的 Splitting 结果),产生一组中间键值对(例如图 3-2-9 中 Mapping 后的结果)。Map/Reduce 框架会将 Map 函数产生的中间键值对里键相同的值传递给一个 Reduce 函数。

　　Reduce 函数:接收一个键,以及相关的一组值(如 3-2-9 图中 Shuffling 后的结果),将这组值进行合并产生一组规模更小的值(通常只有一个或零个值)(例如图 3-2-9 中 Reduce 后的结果),但是,Map/Reduce 并不是万能的,适用于 Map/Reduce 计算有先提条件:

　　①待处理的数据集可以分解成许多小的数据集。

　　②而且每一个小数据集都可以完全并行地进行处理。

　　若不满足以上两条中的任意一条,则不适用 Map/Reduce 模式。

2. MapReduce 综述

　　MapReduce 是一种编程模型,用于大规模数据集(大于 1TB)的并行运算。概念"Map(映射)""Reduce(归约)"和它们的主要思想,都是从函数式编程语言里借来的,还有从矢量编程语言里借来的特性。它极大地方便了编程人员在不会分布式并行编程的情况下,将自己的程序运行在分布式系统上。当前的软件实现是指定一个 Map 函数,用来把一组键值对映射成一组新的键值对,指定并发的 Reduce 函数,用来保证所有映射的键值对中的每一个共享相同的键组。

(1)定义

MapReduce 是面向大数据并行处理的计算模型、框架和平台,它隐含了以下三层含义:

①MapReduce 是一个基于集群的高性能并行计算平台(Cluster Infrastructure)。它允许用市场上普通的商用服务器构成一个包含数十、数百至数千个节点的分布和并行计算集群。

②MapReduce 是一个并行计算与运行软件框架(Software Framework)。它提供了一个庞大但设计精良的并行计算软件框架,能自动完成计算任务的并行化处理,自动划分计算数据和计算任务,在集群节点上自动分配和执行任务以及收集计算结果,将数据分布存储、数据通信、容错处理等并行计算涉及的很多系统底层的复杂细节交由系统负责处理,大大减少了软件开发人员的负担。

③MapReduce 是一个并行程序设计模型与方法(Programming Model & Methodology)。它借助于函数式程序设计语言 Lisp 的设计思想,提供了一种简便的并行程序设计方法,用 Map 和 Reduce 两个函数编程实现基本的并行计算任务,提供了抽象的操作和并行编程接口,以简单方便地完成大规模数据的编程和计算处理。

(2)由来

MapReduce 最早是由 Google 公司研究提出的一种面向大规模数据处理的并行计算模型和方法。Google 公司设计 MapReduce 的初衷主要是为了解决其搜索引擎中大规模网页数据的并行化处理。Google 公司发明了 MapReduce 之后,首先用其重新改写了其搜索引擎中的 Web 文档索引处理系统,但由于 MapReduce 可以普遍应用于很多大规模数据的计算问题,因此自发明 MapReduce 以后,Google 公司内部进一步将其广泛应用于很多大规模数据处理问题。到目前为止,Google 公司内有上万个各种不同的算法问题和程序都使用 MapReduce 进行处理。

2003 年和 2004 年,Google 公司在国际会议上分别发表了两篇关于 Google 分布式文件系统和 MapReduce 的论文,公布了 Google 的 GFS 和 MapReduce 的基本原理和主要设计思想。

Hadoop 的思想来源于 Google 的几篇论文,Google 的那篇 MapReduce 论文里说:Our abstraction is inspired by the map and reduce primitives present in Lisp and many other functional languages。这句话提到了 MapReduce 思想的渊源,大致意思是,MapReduce 的灵感来源于函数式语言(比如 Lisp)中的内置函数 Map 和 Reduce。函数式语言也算是阳春白雪了,离普通开发者总是很远。简单来说,在函数式语言里,Map 表示对一个列表(List)中的每个元素做计算,Reduce 表示对一个列表中的每个元素做迭代计算。它们具体的计算是通过传入的函数来实现的,Map 和 Reduce 提供的是计算的框架。不过从这样的解释到现实中的 MapReduce 还太远,仍然需要一个跳跃。再仔细看,Reduce 既然能做迭代计算,那就表示列表中的元素是相关的。比如,想对列表中的所有元素做相加求和,那么列表中至少都应该是数值。而 Map 是对列表中每个元素做单独处理的,这表示列表中可以是杂乱无章的数据。这样看来,就有点联系了。在 MapReduce 里,Map 处理的是原始数据,自然是杂乱无章的,每条数据之间互相没有关系;到了 Reduce 阶段,数据是以 key 后面跟着若干个 value 来组织的,这些 value 有相关性,至少它们都在一个 key 下面,于是就符合函数式语言里

Map 和 Reduce 的基本思想。

（3）映射和化简

简单说来，一个映射函数就是对一些独立元素组成概念上列表（例如，一个测试成绩的列表）的每一个元素进行指定操作。事实上，每个元素都是被独立操作，而原始列表没有被更改，因为这里创建了一个新的列表来保存新的答案。这就是说，Map 操作是可以高度并行的，这对高性能要求的应用以及并行计算领域的需求非常有用。

而化简操作指的是对一个列表的元素进行适当的合并。虽然它不如映射函数那么并行，但是因为化简总是有一个简单的答案，大规模的运算相对独立，所以化简函数在高度并行环境下也很有用。

（4）分布可靠

MapReduce 通过把对数据集的大规模操作分发给网络上的每个节点实现可靠性；每个节点会周期性地返回它所完成的工作和最新的状态。如果一个节点保持沉默超过一个预设的时间间隔，主节点（类同 Google File System 中的主服务器）记录下这个节点状态为死亡，并把分配给这个节点的数据发到别的节点。每个操作使用命名文件的原子操作，以确保不会发生并行线程间的冲突；当文件被改名的时候，系统可能会把它们复制到任务名以外的另一个名字上去（避免副作用）。

化简操作工作方式与之类似，但是由于化简操作的可并行性相对较差，主节点会尽量把化简操作只分配在一个节点上，或者离需要操作的数据尽可能近的节点上；这个特性可以满足 Google 的需求，因为它们有足够的带宽，它们的内部网络没有那么多的机器。

（5）用途

在 Google，MapReduce 非常广泛的应用程序中，包括"分布 grep、分布排序、Web 连接图反转、每台机器的词矢量、Web 访问日志分析、反向索引构建、文档聚类、机器学习、基于统计的机器翻译……"值得注意的是，MapReduce 实现以后，它被用来重新生成 Google 的整个索引，并取代老的 ad hoc 程序去更新索引。

MapReduce 会生成大量的临时文件，为了提高效率，它利用 Google 文件系统来管理和访问这些文件。

在 Google，超过一万个不同的项目已经采用 MapReduce 来实现，包括大规模的算法图形处理、文字处理、数据挖掘、机器学习、统计机器翻译以及众多其他领域。

（6）主要功能

①数据划分和计算任务调度。

系统自动将一个作业（Job）待处理的大数据划分为很多个数据块，每个数据块对应于一个计算任务（Task），并自动调度计算节点来处理相应的数据块。作业和任务调度功能主要负责分配和调度计算节点（Map 节点或 Reduce 节点），同时负责监控这些节点的执行状态，并负责 Map 节点执行的同步控制。

②数据/代码互定位。

为了减少数据通信，一个基本原则是本地化数据处理，即一个计算节点尽可能处理其本地磁盘上所分布存储的数据，这实现了代码向数据的迁移；当无法进行这种本地化数据处理时，再寻找其他可用节点并将数据从网络上传送给该节点(数据向代码迁移),但将尽可能从数据所在的本地机架上寻找可用节点以减少通信延迟。

③系统优化。

为了减少数据通信开销,中间结果数据进入 Reduce 节点前会进行一定的合并处理;一个 Reduce 节点所处理的数据可能会来自多个 Map 节点,为了避免 Reduce 计算阶段发生数据相关性,Map 节点输出的中间结果需使用一定的策略进行适当的划分处理,保证相关性数据发送到同一个 Reduce 节点;此外,系统还进行一些计算性能优化处理,如对最慢的计算任务采用多备份执行、选最快完成者作为结果。

④出错检测和恢复。

以低端商用服务器构成的大规模 MapReduce 计算集群中,节点硬件(主机、磁盘、内存等)出错和软件出错是常态,因此 MapReduce 需要能检测并隔离出错节点,并调度分配新的节点接管出错节点的计算任务。同时,系统还将维护数据存储的可靠性,用多备份冗余存储机制提 高数据存储的可靠性,并能及时检测和恢复出错的数据。

任务实施

本任务主要介绍了用 MapReduce 对 Shuffle 进行过程详解,包括 Map 任务处理、Reduce 任务处理、Wordcount 代码。让学生更加清楚地理解 Map 和 Reduce 的处理过程以及用法。

1. Map 任务处理

根据图 3-2-10 所示,实现 Map 任务处理过程。

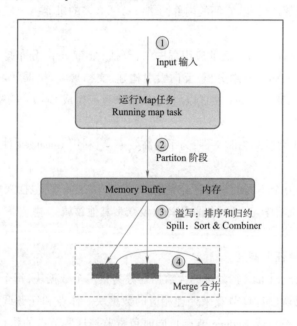

图 3-2-10 Map 任务处理

(1)输入数据

①读取 HDFS 中的文件。每一行解析成一个 <k,v>。每一个键值对调用一次 Map 函数。

```
<0,hello you >    <10,hello me >
```

②覆盖 map( ),接收①产生的 <k,v>,进行处理,转换为新的 <k,v> 输出。

<hello,1> <you,1> <hello,1> <me,1>

③对②输出的 <k,v> 进行分区。默认分为一个区(Partitioner)。

(2)Partition 阶段

Partitioner 的作用是将 Mapper 输出的键/值对拆分为分片(shard),每个 Reducer 对应一个分片。默认情况下,Partitioner 先计算目标的散列值(通常为 md5 值)。然后,通过 Reducer 个数执行取模运算 key. hashCode( )% (Reducer 的个数)。这种方式不仅能够随机地将整个键空间平均分发给每个 Reducer,同时也能确保不同 Mapper 产生的相同键能被分发至同一个 Reducer。如果用户自己对 Partitioner 有需求,可以使用 job. setPartitionerClass(clz);方法订制并设置到 Job 上。

(3)溢写 Split

● Map 之后的 key/value 对以及 Partition 的结果都会被序列化成字节数组写入缓冲区,这个内存缓冲区是有大小限制的,默认是 100 MB。

● 当缓冲区的数据已经达到阈值(buffer size * spill percent = 100 MB * 0.8 = 80 MB),溢写线程启动,锁定这 80 MB 的内存,执行溢写过程。Map task 的输出结果还可以往剩下的 20 MB 内存中写,互不影响。

● 当溢写线程启动后,需要对这 80 MB 空间内的 key 做排序 sort。

● 内存缓冲区没有对将发送到相同 Reduce 端的数据做合并,那么这种合并应该是体现是磁盘文件中的,即 Combine。

①对不同分区中的数据进行排序(按照 k)Sort。每个分区内调用 job. setSortComparatorClass( )设置的 Key 比较函数类排序。可以看到,这本身就是一个二次排序。如果没有通过 job. setSortComparatorClass( )设置 Key 比较函数类,则使用 Key 实现的 compareTo( )方法,即字典排序。

job. setSortComparatorClass(clz);

排序后为:

<hello,1> <hello,1> <me,1> <you,1>,

分组后为:

<hello,{1,1}> <me,{1}> <you,{1}>.

②(可选)对分组后的数据进行归约 Combiner。

Combiner 是一个可选的本地 Reducer,可以在 Map 阶段聚合数据。Combiner 通过执行单个 Map 范围内的聚合,减少通过网络传输的数据量。例如,一个聚合的计数是每个部分计数的总和,用户可以先将每个中间结果取和,再将中间结果的和相加,从而得到最终结果。求平均值的时候不能用,因为 123 的平均是 2,12 平均再和 3 平均结果就不对了。Combiner 应该用于那种 Reduce 的输入 key/value 与输出 key/value 类型完全一致,且不影响最终结果的场景,比如累加,最大值等。

(4)合并 Merge

Copy 过来的数据会先放入内存缓冲区中,这里的缓冲区大小要比 Map 端的更为灵活,它基于 JVM 的 heap size 设置,因为 Shuffle 阶段 Reducer 不运行,所以应该把绝大部分的内存都给

Shuffle 用。

这里需要强调的是,Merge 有三种形式:内存到内存、内存到磁盘、磁盘到磁盘。默认情况下第一种形式不启用。当内存中的数据量到达一定阈值,就启动内存到磁盘的 Merge。与 Map 端类似,这也是溢写的过程,也有 sort 排序,如果设置有 Combiner,也是会启用的,然后在磁盘中生成了众多的溢写文件。第二种 Merge 方式一直在运行,直到没有 Map 端的数据时才结束。然后启动第三种磁盘到磁盘的 Merge 方式,有相同的 key 的键值队,Merge 成 group,job. setGroupin gComparatorClass设置的分组函数类,进行分组,同一个分组的 value 放在一个迭代器里面(二次排序会重新设置分组规则)。如果未指定 GroupingComparatorClass 则使用 key 实现的 compareTo 方法来对其分组。group 中的值就是从不同溢写文件中读取出来的,group 后:< hello,{1,1} > < me,{1} > < you,{1} >。最终的生成的文件作为 Reducer 的输入,整个 Shuffle 才最终结束。

2. Reduce 任务处理(见图 3-2-11)

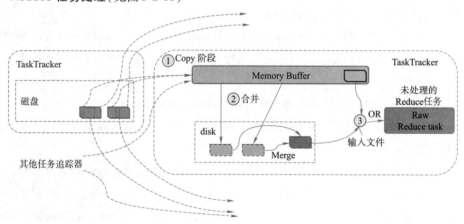

图 3-2-11　Reduce 任务处理

(1)Copy 过程

Reduce 进程启动一些数据 copy 线程(Fetcher),通过 HTTP 方式请求 map task 所在的 TaskTracker 获取 map task 的输出文件。因为 map task 早已结束,这些文件就归 TaskTracker 管理在本地磁盘中。

(2)合并 Merge

Copy 过来的数据会先放入内存缓冲区中,这里的缓冲区大小要比 Map 端的更为灵活,它基于 JVM 的 heap size 设置,因为 Shuffle 阶段 Reducer 不运行,所以应该把绝大部分的内存都给 Shuffle 用。

这里需要强调的是,Merge 有三种形式:内存到内存、内存到磁盘、磁盘到磁盘。

①默认情况下第一种形式不启用。

②当内存中的数据量到达一定阈值,就启动内存到磁盘的 Merge。与 Map 端类似,这也是溢写的过程,也有 sort 排序,如果设置有 Combiner,也是会启用的,然后在磁盘中生成了众多的溢写文件。第二种 Merge 方式一直在运行,直到没有 Map 端的数据时才结束。

③然后启动第三种磁盘到磁盘的 Merge 方式,有相同的 key 的键值队,Merge 成 group,job. setGroupingComparatorClass 设置的分组函数类,进行分组,同一个分组的 value 放在一个迭代器里面(二次排序会重新设置分组规则)。如果未指定 GroupingComparatorClass 则使用 Key 实现

的 compareTo 方法来对其分组。group 中的值就是从不同溢写文件中读取出来的,group 后:

```
<hello,{1,1}> <me,{1}> <you,{1}>.
```

④最终的生成的文件作为 Reducer 的输入,整个 Shuffle 才最终结束。

(3)Reduce 的输入文件

Reducer 执行业务逻辑,产生新的<k,v>输出,将结果写到 HDFS 中。

3. WordCount 代码

```
package mapreduce;

import java.net.URI;
import org.apache.hadoop.conf.Configuration;
import org.apache.hadoop.fs.FileSystem;
import org.apache.hadoop.fs.Path;
import org.apache.hadoop.io.LongWritable;
import org.apache.hadoop.io.Text;
import org.apache.hadoop.mapreduce.Job;
import org.apache.hadoop.mapreduce.Mapper;
import org.apache.hadoop.mapreduce.Reducer;
import org.apache.hadoop.mapreduce.lib.input.FileInputFormat;
import org.apache.hadoop.mapreduce.lib.input.TextInputFormat;
import org.apache.hadoop.mapreduce.lib.output.FileOutputFormat;
import org.apache.hadoop.mapreduce.lib.output.TextOutputFormat;

public class WordCountApp {
    static final String INPUT_PATH = "hdfs://chaoren:9000/hello";
    static final String OUT_PATH = "hdfs://chaoren:9000/out";

    public static void main(String[] args) throws Exception {
        Configuration conf = new Configuration();
        FileSystem fileSystem = FileSystem.get(new URI(INPUT_PATH), conf);
        Path outPath = new Path(OUT_PATH);
        if (fileSystem.exists(outPath)) {
            fileSystem.delete(outPath, true);
        }

        Job job = new Job(conf, WordCountApp.class.getSimpleName());

        //指定读取的文件位于哪里
        FileInputFormat.setInputPaths(job, INPUT_PATH);
        //指定如何对输入的文件进行格式化,把输入文件每一行解析成键值对
        //job.setInputFormatClass(TextInputFormat.class);

        //指定自定义的 map 类
        job.setMapperClass(MyMapper.class);
        // map 输出的<k,v>类型.如果<k3,v3>的类型与<k2,v2>类型一致,则可以省略
        //job.setOutputKeyClass(Text.class);
        //job.setOutputValueClass(LongWritable.class);
```

```
        //指定自定义 reduce 类
        job. setReducerClass(MyReducer. class);
        //指定 reduce 的输出类型
        job. setOutputKeyClass(Text. class);
        job. setOutputValueClass(LongWritable. class);

        //指定写出到哪里
        FileOutputFormat. setOutputPath(job, outPath);
        //指定输出文件的格式化类
        //job. setOutputFormatClass(TextOutputFormat. class);

        //分区
        //job. setPartitionerClass(clz);

        //排序、分组、归约
        //job. setSortComparatorClass(clz);
        //job. setGroupingComparatorClass(clz);
        //job. setCombinerClass(clz);

        //有一个 reduce 任务运行
        //job. setNumReduceTasks(1);

        //把 job 提交给 jobtracker 运行
        job. waitForCompletion(true);
    }

    /**
     *
     * KEYIN        即 K1      表示行的偏移量
     * VALUEIN      即 V1      表示行文本内容
     * KEYOUT       即 K2      表示行中出现的单词
     * VALUEOUT     即 V2      表示行中出现的单词的次数,固定值1
     *
     * /
    static class MyMapper extends Mapper < LongWritable, Text, Text, LongWritable > {
        protected void map(LongWritable k1, Text v1, Context context) throws
java. io. IOException, InterruptedException {
            String[] splited = v1. toString(). split("\t");
            for(String word : splited) {
                context. write(new Text(word), new LongWritable(1));
            }
        };
    }

    /**
     * KEYIN            即 K2          表示行中出现的单词
     * VALUEIN          即 V2          表示出现的单词的次数
```

```
 *  KEYOUT              即 K3                表示行中出现的不同单词
 *  VALUEOUT            即 V3                表示行中出现的不同单词的总次数
 * /
static class MyReducer extends Reducer < Text, LongWritable, Text, LongWritable > {
        protected void reduce (Text k2, java. lang. Iterable < LongWritable > v2s,
Context ctx) throws java. io. IOException, InterruptedException {
            long times = 0L;
            for(LongWritable count : v2s) {
                times + = count. get ();
            }
            ctx. write(k2, new LongWritable(times));
        };
    }
}
```

运行过程截图如图 3-2-12 所示。

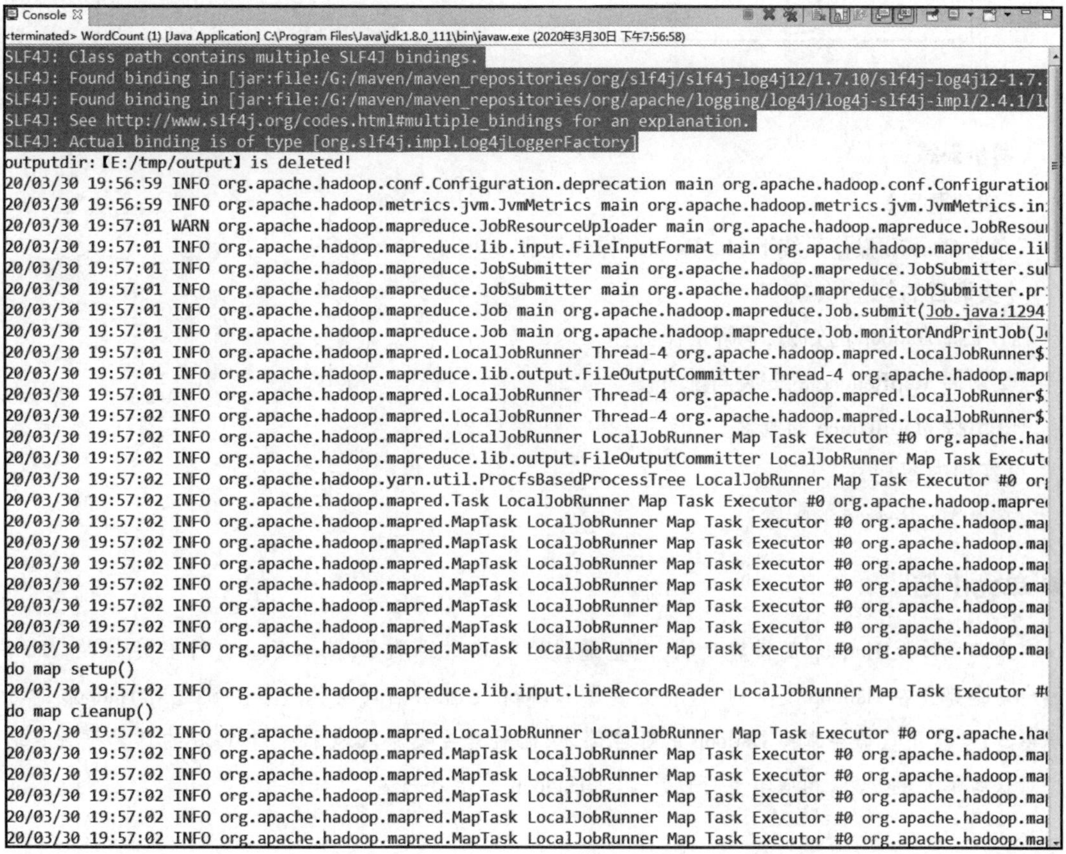

图 3-2-12　运行过程截图

统计结果如图 3-2-13 所示。

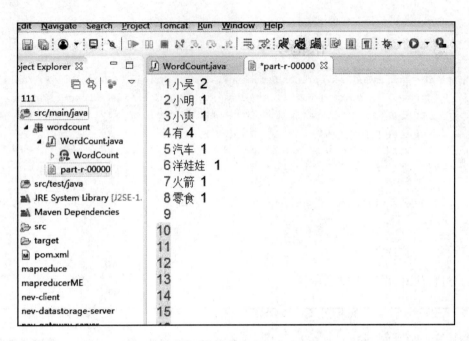

图 3-2-13　统计结果

【实训题目】

完成 CentOS 操作系统下 MapReduce 操作流程。

【实训目的】

①掌握 Hadoop 的知识,了解工作流程。

②掌握 MapReduce 的安装与配置。

③掌握 MapReduce 的概念。

【实训内容】

掌握 MapReduce 的配置。

■ 单元小结

　　本单元涉及 Hadoop 的搭建步骤,学生通过这一单元的学习,基本可以自行安装 Hive。Hive 的启动是建立在 Hadoop 之上的,只有安装了 Hadoop 才能够启动其他进程。通过对 Hadoop 的环境搭建,学生不仅需要掌握 Hadoop 的环境部署,而且需要更深入地了解 Hadoop 的计算框架。通过对这本单元的学习,相信学生可以产生对 Hadoop 的学习兴趣。

单元 4
安装Hive的基础操作

■ 学习目标

【知识目标】

- 了解 Hive 的基本概念。
- 了解 Hive 的几种模式。
- 掌握 Hive 的数据类型。
- 了解 Hive 权限管理的基本概念。

【能力目标】

- 学会掌握 Hive 在 CentOS 上的安装方法和步骤。
- 懂得 Hive 的服务器选择。
- 学会掌握 Hive 的配置方法。
- 学会掌握服务器相关的配置方法。
- 拓展在 CentOS 中基本 Hive Shell 命令的能力。

■ 学习情境

在成功搭建了 Hadoop 的环境后,公司研发部小张又整理了一套 Hive 详细搭建内容。因为传统数据库导致系统的丢失,公司决定采用 Hive 仓库。在安装 Hive 前,小张已经整理了一份安装 Hadoop 的详细步骤,安装完 Hadoop 并启动它之后要准备安装 Hive 了。对于 Hive 的安装,小张同样也做了做出一套规范性的手册以供团队人员学习,这份手册上主要包括 Hive 的几种模式、安装 Hive 实验、Hive 命令、Hive 命令行界面、数据类型和文件格式。

▌ 任务 4.1 Hive 的模式

任务目标

①了解 Hive 的几种模式。
②在不同的模式中搭建 Hive。
③了解不同模式中各个参数的含义。

微课

任务 4.1
Hive 的模式

知识学习

1. 本地模式

本地模式没有 HDFS,只能测试 MapReduce 程序,程序运行的结果保存在本地文件系统。

(1)原理

本地运行 MapReduce。这对于在小型数据集上运行查询非常有用,在这种情况下,本地模式的执行通常比向大型集群提交作业要快得多。从 HDFS 透明地访问数据,相反,本地模式只能运行一个 Reducer,处理较大的数据集可能非常慢。

(2)配置

①完全本地模式。

从 0.7 版本开始,Hive 完全支持本地模式的执行。对于所有 MapReduce 任务都以本地模式运行,要启用此功能,用户可以启用以下选项:

```
SET mapreduce.framework.name = local;
SET mapred.local.dir = /tmp/username/mapred/local;
```

②自动本地模式。

Hive 通过条件判断是否通过本地模式运行 MapReduce 任务条件为:

作业的总输入大小低于:hive.exec.mode.local.auto.inputbytes.max,默认为 128 MB 。map 任务的总数小于:hive.exec.mode.local.auto.tasks.max,默认为 4 。所需的 reduce 任务总数为 1 或 0。

配置:

```
SET hive.exec.mode.local.auto = true;
```

默认情况下为 false,禁用此功能。

对于小数据集的查询,或者对于具有多个 MapReduce 作业的查询,其中对后续作业的输入要小得多。

注意: Hadoop 服务器节点和运行 Hive 客户端的机器(由于不同的 jvm 版本或不同的软件库)的运行环境可能会有差异,这可能会在本地模式下运行时导致意外的行为/错误。

本地模式的执行是在 Hive 客户端的一个单独的 jvm 中完成的。如果用户希望,则可以通过 hive.mapred.local.mem 选项来控制此子 jvm 的最大内存量。默认情况下,它设置为零,在这种情况下,Hive 允许 Hadoop 确定子 jvm 的默认内存限制。

2. 远程模式

(1)远程模式

①元数据信息被存储在 MySQL 数据库中。

②MySQL 数据库与 Hive 不在同一台物理机器上运行。

③多用于实际的生产运行环境。

(2)远程模式模型

详细模型如图 4-1-1 所示。

(3)步骤

①在 Linux 的 MySQL 数据库中创建数据库:

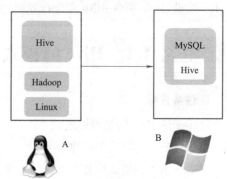

图 4-1-1　远程模式模型

```
mysql > create database hive
mysql > show databases;
+--------------------+
| Database           |
+--------------------+
| information_schema |
| hive               |
| mysql              |
| performance_schema |
| sys                |
+--------------------+
5 rows in set (0.00 sec)
```

②解压安装包：

```
[root@ localhost ~]# tar -zxvf apache-hive-0.13.0-bin.tar.gz
```

③上传 MySQL 驱动的 jar 包到指定的 lib 文件夹内。

④修改配置文件 hive-site.xml。

⑤确保 Hadoop 运行正常。

```
[root@ localhost conf]# jps
5676 SecondaryNameNode
5286 NameNode
5792 JobTracker
6061 Jps
5444 DataNode
5957 TaskTracker
```

⑥运行：

```
[root@ localhost ~]# hive
```

3. 内嵌模式

在不修改任何配置的情况下，在本机通过默认的元数据数据库管理，Hive 中有一个自带的数据库 derby，在首次启动的时候需要进行初化数据。因为有一些默认的表结构和默认的数据库。

```
schematool -initSchema -dbType derby
```

初始化成功之后，会在当前执行的目录下生成 metastore_db。运行 Hive，将进入 Hive Shell 窗口。

```
mysql -uroot -p1234
mysql >
```

如果直接启动，将会出现：

```
Call From kd01/192.168.200.10 to kd01:9000 failed on connection exception
```

原因是 Hive 需要连接 HDFS 的内容，所以在启动之前需要先启动 HDFS。

当有 hive > 时表示启动成功，derby 只能单用户操作，derby 是将所有的数据存储在当前 metastore_db 的目录中的。如果在不同的目录下，多次初始化的话，将无法做到数据共享，所以内嵌模式只适用于学习使用。

注意：

①执行 Hive 命令之前需要将 HDFS 启动。

②在哪一个目录下运行 Hive，都必须进行初始化。

③如果在同一个目录下，多次初始化时，需要将 metastore_db 目录删除掉，再进行初始化。

任务实施

本任务主要练习了 Hive 的三种模式，使学生更加清楚三种模式的用法及区别。

1. 本地模式

（1）解压文件

在 CentOS 操作系统中解压 Hadoop 压缩包至/training 中，执行如下解压命令：

```
tar -zxvf hadoop-2.7.3.tar.gz -C ~/training/
```

将文件解压到/root/training/目录下，如图 4-1-2 所示。

```
[root@hadoop01 training]# ll
总用量 211676
drwxr-xr-x. 9 20415  101      4096 4月  18 2018 hadoop-2.7.6
-rw-r--r--. 1 root  root 216745683 7月  16 14:26 hadoop-2.7.6.tar.gz
[root@hadoop01 training]#
```

图 4-1-2　文件解压路径

可以执行如下 tree 命令（需要单独安装 tree-1.6.0-10.el7.x86_64.rpm）：

```
tree -d -L 3 hadoop-2.7.3/
```

查看 hadoop 的三层目录，如图 4-1-3 所示。

```
[root@hadoop01 training]# tree -d -L 3 hadoop-2.7.6
hadoop-2.7.6
├── bin
├── etc
│   └── hadoop
├── include
├── lib
│   └── native
├── libexec
├── sbin
├── share
│   ├── doc
│   │   ├── hadoop
│   │   └── hadoop-project
│   └── hadoop
│       ├── common
│       ├── hdfs
│       ├── httpfs
│       ├── kms
│       ├── mapreduce
│       ├── tools
│       └── yarn

20 directories
[root@hadoop01 training]#
```

图 4-1-3　Hadoop 三层目录

（2）配置环境变量

执行 vi ~/. bash_profile 命令，打开环境变量配置文件，添加如图 4-1-4 所示。

```
# .bash_profile

# Get the aliases and functions
if [ -f ~/.bashrc ]; then
        . ~/.bashrc
fi

# User specific environment and startup programs

PATH=$PATH:$HOME/bin

export PATH


export HADOOP_HOME=/root/training/hadoop-2.7.6
export PATH=$HADOOP_HOME/bin:$HADOOP_HOME/sbin:$PATH
~
~
```

图 4-1-4　环境变量

保存并退出文件，再执行如下命令使配置生效：

```
source ~/. bash_profile
```

在命令窗口输入 start，然后按【Tab】键，如果出现如下界面表示配置成功（下方蓝框为集群启动命令），如图 4-1-5 所示。

```
[root@hadoop01 training]# start
start-all.cmd          start-dfs.sh         start-secure-dns.sh    start-yarn.sh
start-all.sh           start-hbase.sh       start-statd
start-balancer.sh      start-metastore.sh   startx
start-dfs.cmd          start-pulseaudio-x11 start-yarn.cmd
[root@hadoop01 training]#
```

图 4-1-5　集群

配置 hadoop-env. sh，进入 Hadoop 的配置文件目录，如图 4-1-6 所示。

```
[root@hadoop01 hadoop]# ls
capacity-scheduler.xml     httpfs-env.sh            mapred-env.sh
configuration.xsl          httpfs-log4j.properties  mapred-queues.xml.template
container-executor.cfg     httpfs-signature.secret  mapred-site.xml
core-site.xml              httpfs-site.xml          slaves
hadoop-env.cmd             kms-acls.xml             ssl-client.xml.example
hadoop-env.sh              kms-env.sh               ssl-server.xml.example
hadoop-metrics2.properties kms-log4j.properties     yarn-env.cmd
hadoop-metrics.properties  kms-site.xml             yarn-env.sh
hadoop-policy.xml          log4j.properties         yarn-site.xml
hdfs-site.xml              mapred-env.cmd
[root@hadoop01 hadoop]#
```

图 4-1-6　配置文件

图中是 Hadoop 的所有配置文件。伪分布式只需要配置 hadoop-env. sh,在该文件中配置 JDK 安装路径,如图 4-1-7 所示。

```
# The java implementation to use.
export JAVA_HOME=/usr/local/jdk1.7.0_79/

# The jsvc implementation to use. Jsvc is required to run secure da
# that bind to privileged ports to provide authentication of data t
# protocol.  Jsvc is not required if SASL is configured for authent
# data transfer protocol using non-privileged ports.
#export JSVC_HOME=${JSVC_HOME}
```

图 4-1-7　JDK 安装路径

保存退出文件。事实上,这里不配置 JDK 也是可以的。

(3)测试,单词计数

Hadoop 中为提供了一个单词计数的 MapReduce 程序,详细目录如图 4-1-8 所示。

```
[root@hadoop01 mapreduce]# ls
hadoop-mapreduce-client-app-2.6.5.jar
hadoop-mapreduce-client-common-2.6.5.jar
hadoop-mapreduce-client-core-2.6.5.jar
hadoop-mapreduce-client-hs-2.6.5.jar
hadoop-mapreduce-client-hs-plugins-2.6.5.jar
hadoop-mapreduce-client-jobclient-2.6.5.jar
hadoop-mapreduce-client-jobclient-2.6.5-tests.jar
hadoop-mapreduce-client-shuffle-2.6.5.jar
hadoop-mapreduce-examples-2.6.5.jar
lib
lib-examples
sources
[root@hadoop01 mapreduce]#
```

图 4-1-8　目录

(4)执行 MapReduce 程序

先在/root/input 目录下创建一个 data. txt 文件,output 目录不能提前创建,然后在程序所在目录执行如下命令:

```
hadoop jar hadoop-mapreduce-examples-2.7.3.jar wordcount ~/input/data.txt
 ~/output/
```

成功后,会在 output 目录下生成两个文件,结果如图 4-1-9 所示。

```
[root@hadoop01 output]# ll
总用量 4
-rw-r--r--. 1 root root 51 7月   3 10:47 part-r-00000
-rw-r--r--. 1 root root  0 7月   3 10:47 _SUCCESS
[root@hadoop01 output]#
```

图 4-1-9　两个文件

实际结果存在 part-r-00000，_SUCCESS 只是一个状态文件。

（5）bug

在执行上面的 MapReduce 时，会出现 bug，如图 4-1-10 所示。

```
19/01/17 10:40:10 WARN io.ReadaheadPool: Failed readahead on ifile
EBADF: Bad file descriptor
        at org.apache.hadoop.io.nativeio.NativeIO$POSIX.posix_fadvise(Native Method)
        at org.apache.hadoop.io.nativeio.NativeIO$POSIX.posixFadviseIfPossible(NativeIO.java:267)
        at org.apache.hadoop.io.nativeio.NativeIO$POSIX$CacheManipulator.posixFadviseIfPossible(NativeIO.
java:146)
        at org.apache.hadoop.io.ReadaheadPool$ReadaheadRequestImpl.run(ReadaheadPool.java:206)
        at java.util.concurrent.ThreadPoolExecutor.runWorker(ThreadPoolExecutor.java:1149)
        at java.util.concurrent.ThreadPoolExecutor$Worker.run(ThreadPoolExecutor.java:624)
        at java.lang.Thread.run(Thread.java:748)
```

图 4-1-10　bug

（6）伪分布式模式

伪分布式模式在单机上运行，模拟全分布式环境，具有 Hadoop 的主要功能。它在本地模式基础之上，再按如下修改配置文件即可。具体配置如下：

①hdfs-site. xml：

```
< configuration >
< property >
< !-- HDFS 数据冗余度，默认 3  -- >
< name > dfs. replication </name >
< value >1 </value >
</property >
< property >
< !--是否开启 HDFS 权限检查，默认 true  -- >
< name > dfs. permissions </name >
< value > true </value >
</property >
</configuration >
```

参数说明：

● dfs. replication：配置数据的副本数。因为这里是单机，所以副本数配置为1。

● dfs. permissions：配置 HDFS 的权限检查。默认是 true，也就是开启权限检查。可以不配置，这里只是为了说明。

②core-site. xml：

```
< configuration >
< property >
< !--配置 NameNode 地址  -- >
< name > fs. defaultFS </name >
< value >hdfs://bigdata111:9000 </value >
</property >
< property >
< !--保存 HDFS 临时数据的目录  -- >
```

```
<name>hadoop.tmp.dir</name>
<value>/root/training/hadoop-2.7.3/tmp</value>
</property>
</configuration>
```

③mapred-site.xml：

Hadoop 配置文件中默认没有这个文件，只提供了模板文件 mapred-site.xml.template，需要在当前目录下复制一份：cp mapred-site.xml.template mapred-site.xml

复制成功后，如图 4-1-11 所示。

```
[root@hadoop01 hadoop]# ls
capacity-scheduler.xml      httpfs-env.sh              mapred-env.sh
configuration.xsl           httpfs-log4j.properties    mapred-queues.xml.template
container-executor.cfg      httpfs-signature.secret    mapred-site.xml
core-site.xml               httpfs-site.xml            slaves
hadoop-env.cmd              kms-acls.xml               ssl-client.xml.example
hadoop-env.sh               kms-env.sh                 ssl-server.xml.example
hadoop-metrics2.properties  kms-log4j.properties       yarn-env.cmd
hadoop-metrics.properties   kms-site.xml               yarn-env.sh
hadoop-policy.xml           log4j.properties           yarn-site.xml
hdfs-site.xml               mapred-env.cmd
[root@hadoop01 hadoop]#
```

图 4-1-11　复制文件

具体配置内容如下：

```
<configuration>
<property>
<name>mapreduce.framework.name</name>
<value>yarn</value>
</property>
</configuration>
```

参数说明：

名称 mapreduce.framework.name 指的是使用 Yarn 运行 MapReduce 程序。

④yarn-site.xml：

```
<configuration>
<property>
<name>yarn.resourcemanager.hostname</name>
<value>bigdata111</value>
</property>
<property>
<name>yarn.nodemanager.aux-services</name>
<value>mapreduce_shuffle</value>
</property>
</configuration>
```

参数说明：

● yarn.resourcemanager.hostname：配置 Yarn 的主节点 ResourceManager 主机名。

● yarn. node manager. aux-services：配置 Yarn 的 NodeManager 运行 MapReduce 的方式。

格式化 NameNode，执行如下命令：

```
Hdfs namenode -format
```

格式化 Namenode（实际生成格式化目录/root/training/hadoop-2. 7. 3/tmp）。格式化成功后，部分日志如下：

```
18/08/18 19:10:19 INFO namenode. NameNode: STARTUP_MSG:
/************************************************************
STARTUP_MSG: Starting NameNode
STARTUP_MSG:host = bigdata111/192. 168. 189. 111
STARTUP_MSG:args = [ - format]
STARTUP_MSG:version = 2. 7. 3
de4719c1c8af91ccff; compiled by 'root' on 2016-08-18T01:41ZSTARTUP_MSG:   java = 1. 8. 0_144
************************************************************ /
18/08/18 19:10:19 INFO namenode. NameNode: registered UNIX signal handlers for [ TERM,
HUP, INT]
18/08/18 19:10:19 INFO namenode. NameNode: createNameNode [ - format]
Formatting using clusterid: CID-64debde0-a2ea-4385-baf2-18e6b2d76c74
18/08/18 19:10:21 INFO namenode. FSNamesystem: No KeyProvider found.
18/08/18 19:10:21 INFO namenode. FSNamesystem: fsLock is fair:true
18/08/1819: 10: 21INFOblockmanagement. DatanodeManager: dfs. block. invalidate. limit
=1000
18/08/1819:10:21 INFOblockmanagement.DatanodeManager:dfs. namenode. datanode. regi-
stration. ip-hostn
ame-check = true18/08/1819: 10: 21INFOblockmanagement. BlockManager: dfs. namenode.
startup. delay. block. deletion. sec
issetto000: 00: 00: 00. 00018/08/1819: 10: 21INFOblockmanagement. BlockManager: The
block deletion will start around 2018 Aug
1819:10:2118/08/1819:10:21 INFOutil. GSet:ComputingcapacityformapBlocksMap
18/08/1819:10:21 INFO util. GSet: VM type = 64-bit
18/08/1819:10:21 INFO util. GSet: 2. 0% maxmemory966. 7 MB = 19. 3 MB
18/08/1819:10:21 INFO util. GSet: capacity = 2^21 = 2097152 entries
18/08/1819: 10: 21INFOblockmanagement. BlockManager: dfs. block. access. token. enable
= false
18/08/1819:10:21 INFO blockmanagement. BlockManager: defaultReplication = 1
18/08/1819:10:21INFOblockmanagement. BlockManager:maxReplication = 512
18/08/1819:10:21INFOblockmanagement. BlockManager:minReplication = 1
18/08/1819:10:21INFOblockmanagement. BlockManager:maxReplicationStreams = 2
18/08/181910:21INFOblockmanagement. BlockManager:replicationRecheckInterval = 3000
18/08/1819:10:21 INFO blockmanagement. BlockManager: encryptDataTransfer = false
18/08/1819:10:21INFOblockmanagement. BlockManager:maxNumBlocksToLog = 1000
18/08/1819:10:21INFOnamenode. FSNamesystem:fsOwner = root (auth:SIMPLE)
18/08/1819:10:21 INFO namenode. FSNamesystem: supergroup = supergroup
18/08/1819:10:21 INFO namenode. FSNamesystem: isPermissionEnabled = true
18/08/1819:10:21 INFO namenode. FSNamesystem: HA Enabled: false
18/08/1819:10:21 INFO namenode. FSNamesystem: Append Enabled: true
```

```
18/08/1819:10:21 INFO util. GSet: Computing capacityformapINodeMap
18/08/1819:10:21 INFO util. GSet: VM type = 64-bit
18/08/1819:10:21 INFO util. GSet: 1.0%  maxmemory966.7 MB = 9.7 MB
18/08/1819:10:21 INFO util. GSet: capacity = 2^20 = 1048576 entries
18/08/1819:10:21 INFO namenode. FSDirectory: ACLs enabled? false
18/08/1819:10:21 INFO namenode. FSDirectory: XAttrs enabled? true
18/08/1819:10:21 INFO namenode. FSDirectory: Maximum sizeof an xattr: 16384
18/08/1819:10:21 INFO namenode. NameNode: Cachingfilenamesoccuring more than10 times
18/08/1819:10:21 INFO util. GSet: Computing capacityformapcachedBlocks
18/08/1819:10:21 INFO util. GSet: VM type = 64-bit
18/08/1819:10:21 INFO util. GSet: 0.25%  maxmemory966.7 MB = 2.4 MB
18/08/1819:10:21 INFO util. GSet: capacity = 2^18 = 262144 entries
18/08/1819: 10: 21INFOnamenode. FSNamesystem: dfs. namenode. safemode. threshold-pct =
0.9990000128746
03318/08/1819:10:21INFOnamenode. FSNamesystem:dfs. namenode. safemode. min. datanodes = 0
18/08/1819:10:21INFOnamenode. FSNamesystem:dfs. namenode. safemode. extension = 30000
18/08/1819: 10: 21INFOmetrics. TopMetrics: NNTopconf: dfs. namenode. top. window. num.
buckets = 10
18/08/1819:10:21INFOmetrics. TopMetrics:NNTopconf:dfs. namenode. top. num. users = 10
18/08/1819:10:21INFOmetrics. TopMetrics:NNTopconf:dfs. namenode. top. windows. minutes = 1,
5,25
18/08/1819:10:21 INFO namenode. FSNamesystem: Retry cacheonnamenodeis enabled
18/08/1819: 10: 21  INFO  namenode. FSNamesystem:  Retry  cache  will  use0.03of  total
heapand retry cac
he entry expiry timeis600000 millis18/08/1819: 10: 21  INFO  util. GSet: Computing
capacity formap Name Node Retry Cache
18/08/1819:10:21 INFO util. GSet: VM type = 64-bit
18/08/1819:10:21 INFO util. GSet: 0.029999999329447746%  maxmemory966.7 MB = 297.0 KB
18/08/1819:10:21 INFO util. GSet: capacity = 2^15 = 32768 entries
18/08/1819: 10: 21  INFO  namenode. FSImage: Allocated  newBlockPoolId: BP-608361600-
192.168.189.111-15
3459062172118/08/1819: 10: 21INFOcommon. Storage: Storagedirectory /root/training/
hadoop-2.7.3/tmp/dfs/namehas  been  successfully  formatted.18/08/1819: 10: 21  INFO
namenode. FSImageFormatProtobuf: Saving image file/root/training/hadoop-2.7.3/tmp/dfs/
name/current/fsimage. ckpt_0000000000000000000usingno  compression18/08/1819: 10: 22
INFO namenode. FSImageFormatProtobuf: Image file /root/training/hadoop-2.7.3/tmp/d
fs/name/current/fsimage. ckpt_0000000000000000000 ofsize351bytes saved in0 seconds.18/
08/1819:10:22 INFO namenode. NNStorageRetentionManager: Going to retain 1 images withtxid >
= 0
18/08/1819:10:22 INFO util. ExitUtil: Exiting withstatus0
18/08/1819:10:22 INFO namenode. NameNode: SHUTDOWN_MSG:
/************************************************************
SHUTDOWN_MSG: Shutting down NameNode at bigdata111/192.168.189.111
************************************************************/
```

tmp 目录生成的数据如图 4-1-12 所示。

图 4-1-12　目录生成数据

启动集群,代码如下所示:

```
start-all.sh
```

执行 start-all.sh(这个命令已经过期,可以分别执行 start-dfs.sh 和 start-yarn.sh 命令)命令,正常启动后如图 4-1-13 所示。

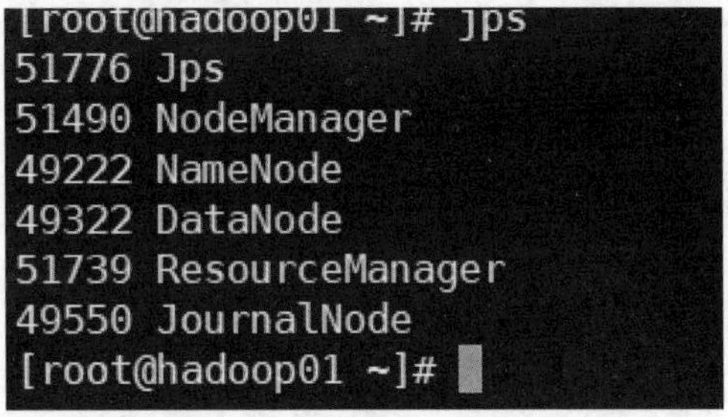

```
[root@hadoop01 ~]# jps
51776 Jps
51490 NodeManager
49222 NameNode
49322 DataNode
51739 ResourceManager
49550 JournalNode
[root@hadoop01 ~]#
```

图 4-1-13　Jps

Hadoop 节点为 NameNode、DataNode 和 SecondaryNameNode,Yarn 节点为 ResourceManager、NodeManager 和 UI。

在浏览器中输入地址 http://192.168.189.111:50070(SecondaryNameNode 端口默认是

50090），即可打开 Hadoop 管理页面，如图 4-1-14 所示。

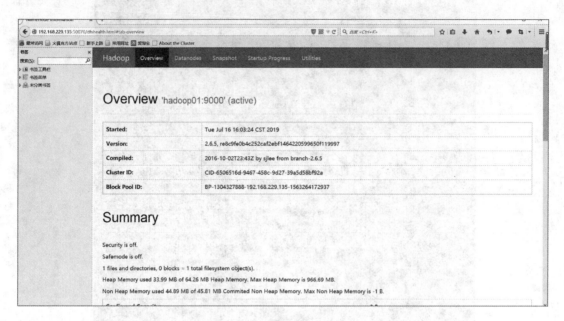

图 4-1-14　Hadoop 管理界面

打开 Utilities，查看 HDFS 文件系统管理页面如图 4-1-15 所示。

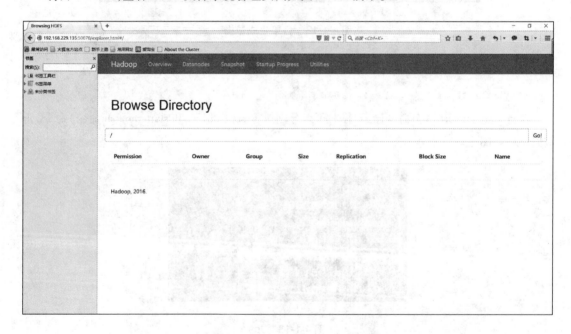

图 4-1-15　HDFS 文件系统管理页面

输入 http://192.168.189.111:8088/cluster，打开 Yarn 应用管理页面，如图 4-1-16 所示。

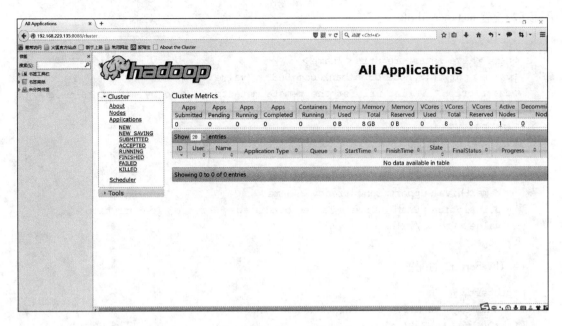

图 4-1-16　Yarn 应用管理

2. 远程模式

(1)配置 MySQL 数据库

```
<property>
    <name>javax. jdo. option. ConnectionURL</name>
<value>jdbc:mysql://10. 30. 16. 201:3306/hivemetaremote?createDatebaseIfNotExist=
true</value>
    </property>
    <property>
      <name>javax. jdo. option. ConnectionDriverName</name>
      <value>com. mysql. jdbc. Driver</value>
    </property>
    <property>
      <name>javax. jdo. option. ConnectionUserName</name>
      <value>hiveuser</value>
    </property>
    <property>
      <name>javax. jdo. option. ConnectionPassword</name>
      <value>hive123</value>
    </property>
<property>
<!--开启校验 schema 的版本 -->
<property>
    <name>hive. metastore. schema. verification</name>
    <value>true</value>
</property>
```

（2）配置 metastore thrift

```
< property >
< name > hive. metastore. uris </name >
< value > thrift://node203. hmbank. com:9083 </value >
< description > Thrift uri for the remote metastore. Used by metastore client to
connect to remote metastore. </description >
</property >
```

（3）开启允许并发执行

```
< property >
  < name > hive. support. concurrency </name >
  < description >Enable Hive's Table Lock Manager Service </description >
  < value > true </value >
</property >
```

（4）HiveServer2 的配置

```
< property >
    < name > hive. server2. authentication </name >
    < value > NONE </value >
</property >
< property >
    < name > hive. server2. thrift. bind. host </name >
    < value > node203. hmbank. com </value >
    <description >Bind host on which to run the HiveServer2 Thrift service. </description >
</property >

< property >
    < name > hive. server2. thrift. port </name >
    < value > 10000 </value >
    < description > Port number of HiveServer2 Thrift interface when hive. server2.
transport. mode is 'binary'. </description >
</property >

< property >
    < name > hive. server2. thrift. http. port </name >
    < value > 10001 </value >
    < description > Port number of HiveServer2 Thrift interface when hive. server2.
transport. mode is 'http'. </description >
</property >

< property >
    < name > hive. server2. thrift. client. user </name >
    < value > hadoop </value >
    < description >Username to use against thrift client </description >
</property >
< property >
    < name > hive. server2. thrift. client. password </name >
    < value > hadoop </value >
```

< description > Password to use against thrift client </description >
</property >

（5）使用 schematool 初始化 metastore

（6）启动

①先启动 metastore：

```
hive -- service metastore
```

②启动 hiveserver2：

```
hiveserver2
```

（7）验证，使用 beeline 命令

```
- bash-4.1 $ beeline
SLF4J: Class path contains multiple SLF4J bindings.
SLF4J: Found binding in [ jar: file:/usr/lib/apacheori/apache-hive-2.3.3-bin/lib/
log4j-slf4j-impl-2.6.2. jar!/org/slf4j/impl/StaticLoggerBinder. class]
SLF4J: Found binding in[ jar: file:/usr/lib/zookeeper/lib/slf4j-log4j12-1.7.5. jar!/
org/slf4j/impl/StaticLoggerBinder. class]
SLF4J: See http://www. slf4j. org/codes. html#multiple_bindings for an explanation.
SLF4J: Actual binding is of type [ org. apache. logging. slf4j. Log4jLoggerFactory]
Beeline version 2.3.3 by Apache Hive

beeline > !connect jdbc:hive2://localhost:10000
Connecting to jdbc:hive2://localhost:10000
Enter username for jdbc:hive2://localhost:10000: hive
Enter password for jdbc:hive2://localhost:10000:
Connected to: Apache Hive (version 2.3.3)
Driver: Hive JDBC (version 2.3.3)
Transaction isolation: TRANSACTION_REPEATABLE_READ
0: jdbc:hive2://localhost:10000 > show databases;
+----------------+
| database_name  |
+----------------+
| default        |
+----------------+
1 row selected (1.334 seconds)
```

可能出现的错误：

```
beeline > !connect jdbc:hive2://localhost:10000
Connecting to jdbc:hive2://localhost:10000
Enter username for jdbc:hive2://localhost:10000: hadoop
Enter password for jdbc:hive2://localhost:10000: ******
18/05/22 14:33:21 [main]: WARN jdbc. HiveConnection: Failed to connect to localhost:
10000
    Error: Could not open client transport with JDBC Uri: jdbc:hive2://localhost:10000:
Failed to open new session:
    java. lang. RuntimeException:
```

```
org. apache. hadoop. ipc. RemoteException ( org. apache. hadoop. security. authorize. Authoriza
tionException):
    User: root is not allowed to impersonate hadoop (state =08S01,code =0)
```

(8)使用 beeline 创建表

```
create table test3(sid int , sname string);
```

(9)使用 beeline 插入数据

```
0: jdbc:hive2://localhost:10000 > insert into test3 values(1, 'xx');
WARNING: Hive-on-MR is deprecated in Hive 2 and may not be available in the future
versions.
Consider using a different execution engine (i. e. spark, tez) or using Hive 1. X releases.
```

(10)使用 hive CLI

```
hive > insert into test2 values(1, 'xx', 3.01);
WARNING: Hive-on-MR is deprecated in Hive 2 and may not be available in the future
versions. Consider using a different execution engine (i. e. spark, tez) or using Hive 1. X
releases.
    Query ID = root_20180522200745_a5738c95-2cc0-47e2-b3b1-8a7ac496a701
    Total jobs = 3
    Launching Job 1 out of 3
    Number of reduce tasks is set to 0 since there's no reduce operator
    Starting Job = job_1525767620603_0046, Tracking URL = http://node203. hmbank. com:54315/
proxy/application_1525767620603_0046/
    Kill Command = /usr/lib/hadoop/bin/hadoop job  -kill job_1525767620603_0046
    Hadoop job information for Stage-1: number of mappers: 1; number of reducers: 0
    2018-05-22 20:07:54,306 Stage-1 map = 0% ,  reduce = 0%
    2018-05-22 20:08:00,724 Stage-1 map = 100% ,  reduce = 0% , Cumulative CPU 1. 72 sec
    MapReduce Total cumulative CPU time: 1 seconds 720 msec
    Ended Job = job_1525767620603_0046
    Stage-4 is selected by condition resolver.
    Stage-3 is filtered out by condition resolver.
    Stage-5 is filtered out by condition resolver.
    Moving data to directory hdfs://hmcluster/user/hive/warehouse/hivecluster. db/test2/
. hive-staging_hive_2018-05-22_20-07-45_383_6231255496761759560-1/-ext-10000
    Loading data to table hivecluster. test2
    MapReduce Jobs Launched:
    Stage-Stage-1: Map: 1   Cumulative CPU: 1. 72 sec   HDFS Read: 4510 HDFS Write: 83 SUCCESS
    Total MapReduce CPU Time Spent: 1 seconds 720 msec
    OK
    Time taken: 17. 491 seconds
```

(11)使用 Hive 时在 HDFS 文件系统中显示的用户名(见图4-1-17)

(12)远程模式与本地和内嵌的区别

远程模式时需要先创建 database,然后 use database,最后才能进行表操作。

3. 内嵌模式

(1)解压 Hive 文件

```
hadoop@ master: ~ $ sudo tar -zxvf apache-hive-2. 1. 0-bin. tar. gz -C /opt/modules
```

/user/hive/warehouse/hivecluster.db

Permission	Owner	Group	Size	Last Modified	Replication	Block Size	Name
drwxrwxrwt	hive	hadoop	0 B	Tue May 22 16:44:36 +0800 2018	0	0 B	stu3
drwxrwxrwt	hive	hadoop	0 B	Tue May 22 17:19:55 +0800 2018	0	0 B	test1
drwxrwxrwt	du	hadoop	0 B	Tue May 22 20:08:02 +0800 2018	0	0 B	test2
drwxrwxrwt	du	hadoop	0 B	Tue May 22 20:09:44 +0800 2018	0	0 B	test3

图 4-1-17　文件系统显示用户名

（2）配置环境变量

```
hadoop@ master: ~ $ vi /etc/profile
export HIVE_HOME = /opt/modules/jdk1.7.0_79
export PATH = $ HIVE_HOME/bin: $ PATH
hadoop@ master: ~ $ vi /opt/modules/hive-0.12.0/bin/hive-config.sh
export JAVA_HOME = /opt/modules/jdk1.7.0_79
export HADOOP_HOME = /opt/modules/hadoop-2.6.0
export HIVE_HOME = /opt/modules/hive-0.12.0
hadoop@ master: ~ $ vi /opt/modules/hive-0.12.0/conf/hive-env.sh
export HADOOP_HOME = /opt/modules/hadoop-2.6.0
```

（3）更新环境变量使其生效

```
hadoop@ master: ~ $ source /etc/profile
```

（4）创建 Hive 工作目录

```
hadoop@ master: ~ $ hadoop fs -mkdir /tmp
hadoop@ master: ~ $ hadoop fs -mkdir /user/hive/warehouse
hadoop@ master: ~ $ hadoop fs -chmod g+w /tmp
hadoop@ master: ~ $ hadoop fs -chmod g+w /user/hive/warehouse
```

（5）设定默认使用 derby 数据库库作为元数据库

```
hadoop@ master: ~ $ schematool -dbType derby -initSchema
```

同步训练

【实训题目】
在 CentOS 上分别练习本地模式、远程模式、内嵌模式的操作。

【实训目的】
①掌握 Hive 的几种模式,如本地模式、远程模式、内嵌模式。
②熟练掌握几种模式的搭建过程。

【实训内容】
①采用本地模式进行配置环境变量并测试。
②采用远程模式更改其配置文件。
③采用内嵌模式对 Hive 进行解压并配置其环境变量。

任务4.2　安装 Hive 实验

任务目标

①掌握 Hive 的基本概念。

②了解 Hive 的基本环境。

③了解 Hive 设计特征、数据存储。

微课

任务 4.2　安装
Hive 实验

知识学习

1. Hive 简介

Hive 是一个数据仓库基础工具,在 Hadoop 中用来处理结构化数据。它架构在 Hadoop 之上,使数据查询和分析变得更方便,并提供简单的 SQL 查询功能,可以将 SQL 语句转换为 MapReduce 任务进行运行。

最初 Hive 是由 Facebook 开发,后来 Apache 软件基金会将其作为 Apache Hive 名下的开源进一步开发,它被不同的公司使用。Hive 没有专门的数据格式,它可以很好地工作在 Thrift 之上,控制分隔符,也允许用户指定数据格式。Hive 不适用于在线事务处理,它最适用于传统的数据仓库任务。

Hive 构建在基于静态批处理的 Hadoop 之上,Hadoop 通常都有较高的延迟并且在作业提交和调度的时候需要大量的开销。因此,Hive 并不能够在大规模数据集上实现低延迟快速的查询,例如,Hive 在几百 MB 的数据集上执行查询一般有分钟级的时间延迟。

因此,Hive 并不适合那些需要低延迟的应用,例如,联机事务处理(OLTP)。Hive 查询操作过程严格遵守 Hadoop MapReduce 的作业执行模型,Hive 将用户的 HiveQL 语句通过解释器转换为 MapReduce 作业提交到 Hadoop 集群上,Hadoop 监控作业执行过程,然后返回作业执行结果给用户。Hive 并非为联机事务处理而设计,Hive 并不提供实时的查询和基于行级的数据更新操作。Hive 的最佳使用场合是大数据集的批处理作业,例如,网络日志分析。

2. Hive 的定义

Hive 是建立在 Hadoop 上的数据仓库基础构架。它提供了一系列的工具,可以用来进行数据提取转化加载(ETL),这是一种可以存储、查询和分析存储在 Hadoop 中的大规模数据的机制。Hive 定义了简单的类 SQL 查询语言,称为 HQL,它允许熟悉 SQL 的用户查询数据。同时,这个语言也允许熟悉 MapReduce 开发者开发的自定义的 mapper 和 reducer 来处理内建的 mapper 和 reducer 无法完成的复杂的分析工作。

3. 设计特征

Hive 是一种底层封装了 Hadoop 的数据仓库处理工具,使用类 SQL 的 HiveQL 语言实现数据查询,所有 Hive 的数据都存储在 Hadoop 兼容的文件系统(例如,Amazon S3、HDFS)中。Hive 在加载数据过程中不会对数据进行任何的修改,只是将数据移动到 HDFS 中 Hive 设定的目录下,因此,Hive 不支持对数据的改写和添加,所有的数据都是在加载的时候确定的。Hive 的设计特点如下:

①支持索引,加快数据查询。

②不同的存储类型,例如,纯文本文件、HBase 中的文件。

③将元数据保存在关系数据库中,大大减少了在查询过程中执行语义检查的时间。

④可以直接使用存储在 Hadoop 文件系统中的数据。

⑤内置大量用户函数 UDF 来操作时间、字符串和其他的数据挖掘工具,支持用户扩展 UDF 函数来完成内置函数无法实现的操作。

⑥类 SQL 的查询方式,将 SQL 查询转换为 MapReduce 的 Job 在 Hadoop 集群上执行。

4. 数据存储

①Hive 没有专门的数据存储格式,也没有为数据建立索引,用户可以非常自由地组织 Hive 中的表,只需要在创建表的时候告诉 Hive 数据中的列分隔符和行分隔符,Hive 就可以解析数据。

②Hive 中所有的数据都存储在 HDFS 中,Hive 中包含以下数据模型:表(Table)、外部表(External Table)、分区(Partition)和桶(Bucket)。

Hive 中的 Table 和数据库中的 Table 在概念上是类似的,每一个 Table 在 Hive 中都有一个相应的目录存储数据。例如,一个表 pvs,它在 HDFS 中的路径为:/wh/pvs,其中,wh 是在 hive-site. xml 中由 ${hive. metastore. warehouse. dir} 指定的数据仓库的目录,所有的 Table 数据(不包括 External Table)都保存在这个目录中。

Partition 对应于数据库中的 Partition 列的密集索引,但是 Hive 中 Partition 的组织方式和数据库中的很不相同。在 Hive 中,表中的一个 Partition 对应于表下的一个目录,所有的 Partition 的数据都存储在对应的目录中。例如,pvs 表中包含 ds 和 city 两个 Partition,则对应于 ds = 20090801,ctry = US 的 HDFS 子目录为/wh/pvs/ds = 20090801/ctry = US;对应于 ds = 20090801,ctry = CA 的 HDFS 子目录为/wh/pvs/ds = 20090801/ctry = CA。

Buckets 对指定列计算 hash,根据 hash 值切分数据,目的是为了并行,每一个 Bucket 对应一个文件。将 user 列分散至 32 个 Bucket,首先对 user 列的值计算 hash。对应 hash 值为 0 的 HDFS 目录为:/wh/pvs/ds = 20090801/ctry = US/part-00000;hash 值为 20 的 HDFS 目录为:/wh/pvs/ds = 20090801/ctry = US/part-00020;

External Table 指向已经在 HDFS 中存在的数据,可以创建 Partition。它和 Table 在元数据的组织上是相同的,而实际数据的存储则有较大的差异。Table 的创建过程和数据加载过程(这两个过程可以在同一个语句中完成),在加载数据的过程中,实际数据会被移动到数据仓库目录中;之后对数据的访问将会直接在数据仓库目录中完成。删除表时,表中的数据和元数据将会被同时删除。

任务实施

本任务主要涉及安装 Hive 的实验,使学生更加熟悉地了解 Hive 在 Hadoop 体系结构中的角色。

1. 了解 Hive 压缩包并配置环境变量

Hive 压缩包,如图 4-2-1 所示。可以从 Apache 官网下载安装文件,即 http://mirror. bit. edu. cn/apache/hive/。

①下载 Hive:http://mirrors. hust. edu. cn/apache/下载 apache-hive-1. 2. 0. tar. gz,放到该目录下/home/hdpsrc/。

②下载 MySQL:http://dev. mysql. com/downloads/mysql/5. 5. html #downloads。在网上查找相应 mysql 安装包,进行下载。

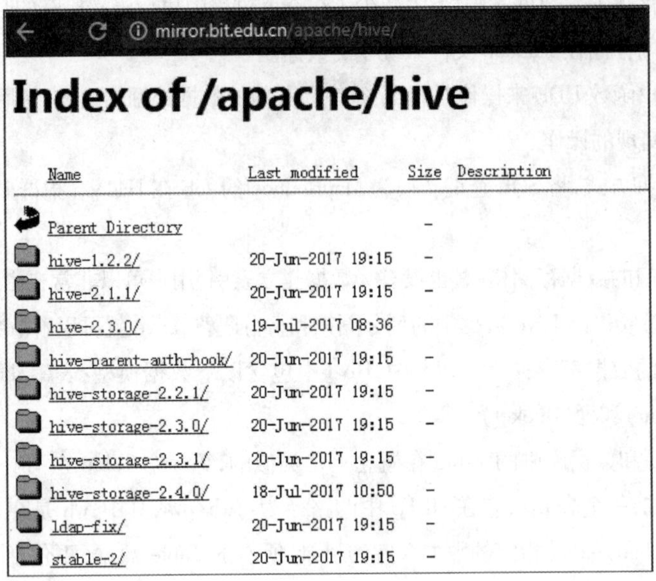

图 4-2-1　Hive 安装包

```
mysql-client-5.5.39-2.linux2.6.x86_64.rpm
mysql-devel-5.5.39-2.linux2.6.x86_64.rpm
mysql-server-5.5.39-2.linux2.6.x86_64.rpm
mysql-shared-5.5.39-2.linux2.6.x86_64.rpm
mysql-shared-compat-5.5.39-2.linux2.6.x86_64.rpm
```

复制到该目录下 /home/hdpsrc/Desktop/mysql/。（将下载的安装包通过第三方插件传入该目录下）

2. 安装 MySQL

（1）卸载系统自带的 MySQL 相关安装包

仅卸载以 mysql 开头的包：

```
rpm -qa |grepmysql
sudo rpm -e --nodeps mysql-libs-5.1.71-1.el6.x86_64
```

（2）安装

```
cd /home/hdpsrc/Desktop/mysql/
wget http//dev.mysql.com/get/mysql-community-release-el7-5.noarch.rpm
rpm-ivh mysql-community-release-el7-5.noarch rpm
yum install mysql-community-server
```

（3）启动设置 MySQL

启动 MySQL 服务：

```
systemctl start mysqld serice
```

设置为开机自启动：

```
chkconfigmysql on
```

设置 root 用户登录密码：

```
/usr/bin/mysqladmin -u root password 'wu123'
```

登录 MySQL 以 root 用户身份登录：

```
mysql -uroot -pwu123
```

创建 Hive 用户，数据库等：

```
insert into mysql. user(Host,User,Password)
values("localhost","hive",password("hive"));
create database hive;
grant all on hive. * to hive@ '% 'identified by 'hive';
grant all on hive. * to hive@ 'localhost'identified by 'hive';
flush privileges;
```

退出 MySQL：

```
exit
```

验证 Hive 用户：

```
mysql -uhive -phive
show databases;
```

看到如下反馈信息，则说明创建成功：

```
mysql > show databases;
 +--------------------+
 | Database           |
 +--------------------+
 | information_schema |
 | hive               |
 | test               |
 +--------------------+
3 rows in set (0.00 sec)
```

退出 MySQL：

```
exit
```

3. 安装 Hive

（1）解压安装包

```
cd  ~
tar -zxvf apache-hive-1.1.0-bin. tar. gz
```

（2）建立软连接

```
ln -s apache-hive-1.1.0-bin hive
```

（3）添加环境变量

```
vi/etc/profile
```

导入下面的环境变量：

```
export HIVE_HOME = /home/hdpsrc/hive
export PATH = $ PATH: $ HIVE_HOME/bin
```

使其有效：

```
source/etc/profile
```

修改 hive-site. xml，主要修改以下参数：

```
<property>
  <name>javax. jdo. option. ConnectionURL</name>
  <value>jdbc:mysql://localhost:3306/hive</value>
</property>
<property>
  <name>javax. jdo. option. ConnectionDriverName</name>
  <value>com. mysql. jdbc. Driver</value>
</property>
<property>
  <name>javax. jdo. option. ConnectionPassword</name>
  <value>hive</value>
</property>
<property>
  <name>hive. hwi. listen. port</name>
  <value>9999</value>
  <description>This is the port the Hive Web Interface will listen on
</descript ion>
</property>

<property>
  <name>datanucleus. autoCreateSchema</name>
  <value>true</value>
</property>
<property>
  <name>datanucleus. fixedDatastore</name>
  <value>false</value>
</property>
</property>
  <property>
    <name>javax. jdo. option. ConnectionUserName</name>
    <value>hive</value>
    <description>Username to use against metastore database</description>
  </property>

  <property>
    <name>hive. exec. local. scratchdir</name>
    <value>/home/hdpsrc/hive/iotmp</value>
    <description>Local scratch space for Hive jobs</description>
  </property>
```

```
<property >
<name >hive.downloaded.resources.dir </name >
<value >/home/hdpsrc/hive/iotmp </value >
<description >Temporary local directory for added resources in the remote file
system. </description >
</property >
<property >
<name >hive.querylog.location </name >
<value >/home/hdpsrc/hive/iotmp </value >
<description >Location of Hive run time structured log file </description >
</property >
```

```
cp hive/conf/hive-default.xml.template hive/conf/hive-site.xml
```

编辑 hive-site.xml。

4. 复制 jar 包上传到 Hive 的 bin 目录下

复制 mysql-connector-java-5.1.6-bin.jar 到 Hive 的 lib 下面：

```
mv /home/hdpsrc/Desktop/mysql-connector-java-5.1.6-bin.jar
/home/hdpsrc/hive/lib/
```

把 jline-2.12.jar 复制到 hadoop 相应的目录下，替代 jline-0.9.94.jar，否则启动会报错：

```
cp /home/hdpsrc/hive/lib/jline-2.12.jar /home/hdpsrc/hadoop-
2.6.0/share/hadoop/yarn/lib/
mv/home/hdpsrc/hadoop-2.6.0/share/hadoop/yarn/lib/jline-0.9.94.jar    /home/hdpsrc/
hadoop-2.6.0/share/hadoop/yarn/lib/jline-0.9.94.jar.bak /
```

5. 启动 Hive

运行 Hive 之前，首先要确保 meta store 服务已经启动，如图 4-2-2 所示。

```
nohup hive -- service metastore > metastore.log 2>&1 &
```

图 4-2-2　jps(1)

如果需要用到远程客户端（比如 Tableau）连接到 Hive 数据库，还需要启动 hive service，如图 4-2-3 所示。

```
nohup hive -- service hiveserver2 > hiveserver2.log 2>&1 &
```

由于配置过环境变量，可以直接在命令行中输入 hive，如图 4-2-4 所示。

图 4-2-3 jps(2)

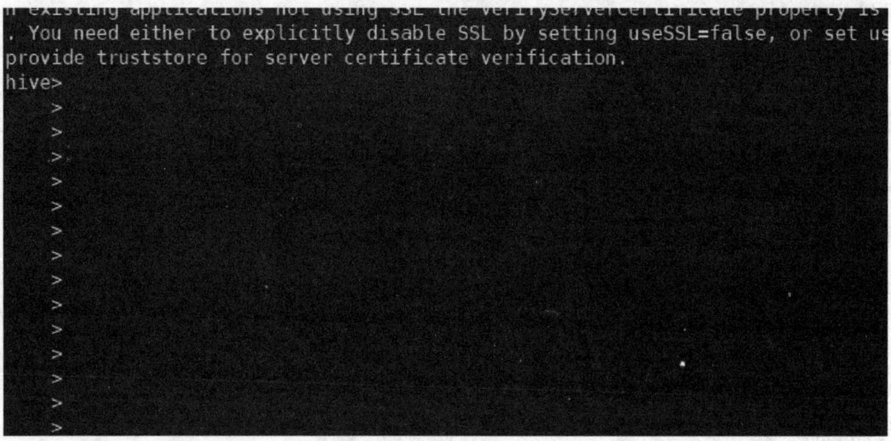

图 4-2-4 启动

测试结果,输入 show database;,代码和结果如下所示:

```
hive > show databases;
OK
default
Time taken: 0.907 seconds, Fetched: 1 row(s)
```

同步训练

【实训题目】

下载 Hive 压缩包,并在 CentOS 系统中配置 Hive 的环境变量。

【实训目的】

①掌握 Hive 的定义及设计特征。

②掌握 Hive 的数据存储。

③熟练掌握 Hive 的基本配置。

【实训内容】

①解压并安装 Hive。

②配置 Hive 的环境变量,启动并测试。

任务4.3 Hive 命令

任务目标

①熟练掌握 Hive 命令的使用。

②了解 Hive 的文件格式。

③掌握压缩编码基本概念。

微课

任务 4.3
Hive 命令

知识学习

1. 创建表语句

CREATE TABLE 是用于在 Hive 中创建表的语句。语法和示例如下：

```
CREATE [TEMPORARY] [EXTERNAL] TABLE [IF NOT EXISTS] [db_name.]
table_name
[(col_name data_type [COMMENT col_comment], ...)]
[COMMENT table_comment]
[ROW FORMAT row_format]
[STORED AS file_format]
```

例如，假设需要使用 CREATE TABLE 语句创建名为 employee 的表，表 4-3-1 列出了 employee 表中的字段及其数据类型。

表 4-3-1　employee 表中的字段及其数据类型

Sr. No	字段名称	数据类型
1	开斋节	INT
2	名称	串
3	薪水	浮动
4	指定	串

以下数据是注释，行格式化字段，如字段终止符、行终止符和存储文件类型。

```
COMMENT 'Employee details' FIELDS TERMINATED BY '\t' LINES
TERMINATED BY '\n' STORED IN TEXT FILE
```

以下查询使用上述数据创建名为 employee 的表。

```
hive > CREATE TABLE IF NOT EXISTS employee (eid int, name String,
salary String, destination String)
COMMENT 'Employee details'
ROW FORMAT DELIMITED
FIELDS TERMINATED BY '\t'
LINES TERMINATED BY '\n'
STORED AS TEXTFILE;
```

如果添加选项 IF NOT EXISTS，则 Hive 会在表已存在的情况下忽略该语句。

成功创建表后，将看到以下响应：

```
OK
Time taken: 5.905 seconds
hive >
```

下列代码给出了创建表的 JDBC 程序示例。

```java
import java.sql.SQLException;
import java.sql.Connection;
import java.sql.ResultSet;
import java.sql.Statement;
import java.sql.DriverManager;

public class HiveCreateTable {
    private static String driverName = "org.apache.hadoop.hive.jdbc.HiveDriver";

    public static void main(String[] args) throws SQLException {

        // Register driver and create driver instance
        Class.forName(driverName);

        // get connection
        Connection con = DriverManager.getConnection("jdbc:hive://localhost:10000/
userdb", "", "");

        // create statement
        Statement stmt = con.createStatement();

        // execute statement
        stmt.executeQuery("CREATE TABLE IF NOT EXISTS "
            +" employee ( eid int, name String, "
            +" salary String, destignation String)"
            +" COMMENT 'Employee details'"
            +" ROW FORMAT DELIMITED"
            +" FIELDS TERMINATED BY '\t'"
            +" LINES TERMINATED BY '\n'"
            +" STORED AS TEXTFILE;");

        System.out.println(" Table employee created. ");
        con.close();
    }
}
```

将程序保存在名为 HiveCreateDb.java 的文件中。以下命令用于编译和执行此程序。

```
$ javac HiveCreateDb.java
$ java HiveCreateDb
```

输出结果如下:

```
Table employee created.
```

2. 加载数据

通常,在 SQL 中创建表后,可以使用 Insert 语句插入数据。但是在 Hive 中,可以使用 LOAD

DATA 语句插入数据。

在将数据插入 Hive 时,最好使用 LOAD DATA 存储批量记录。加载数据有两种方法:一种是来自本地文件系统,另一种是来自 Hadoop 文件系统。

加载数据的语法如下:

```
LOAD DATA [LOCAL] INPATH 'filepath' [OVERWRITE] INTO TABLE
tablename [PARTITION (partcol1 = val1, partcol2 = val2 ...)]
```

①LOCAL 是用于指定本地路径的标识符,这是可选的。

②OVERWRITE 是可选的,用于覆盖表中的数据。

③PARTITION 是可选的。

例如,将在表格中插入以下数据。这是一个名为文本文件 sample. txt 的在/ home/ user 的目录。

```
1201    Gopal         45000    Technical manager
1202    Manisha       45000    Proof reader
1203    Masthanvali   40000    Technical writer
1204    Kiran         40000    Hr Admin
1205    Kranthi       30000    Op Admin
```

以下查询将给定文本加载到表中。

```
hive > LOAD DATA LOCAL INPATH '/home/user/sample.txt'
OVERWRITE INTO TABLE employee;
```

成功下载后,将看到以下响应:

```
OK
Time taken: 15.905 seconds
hive >
```

下面代码给出了将给定数据加载到表中的 JDBC 程序。

```
import java.sql.SQLException;
import java.sql.Connection;
import java.sql.ResultSet;
import java.sql.Statement;
import java.sql.DriverManager;

public class HiveLoadData {

    private static String driverName = "org.apache.hadoop.hive.jdbc.HiveDriver";

    public static void main(String[] args) throws SQLException {

        // Register driver and create driver instance
        Class.forName(driverName);

        // get connection
        Connection con = DriverManager.getConnection("jdbc:hive://localhost:10000/
userdb", "", "");
```

```
        // create statement
        Statement stmt = con.createStatement();

        // execute statement
        stmt.executeQuery("LOAD DATA LOCAL INPATH '/home/user/sample.txt'" + "OVERWRITE
INTO TABLE employee;");
        System.out.println("Load Data into employee successful");

        con.close();
    }
}
```

将程序保存在名为 HiveLoadData.java 的文件中。使用以下命令编译并执行此程序。

```
$ javac HiveLoadData.java
$ java HiveLoadData
```

输出结果如下：

```
Load Data into employee successful
```

3. 改变表

该语句基于用户希望在表中修改的属性，采用以下任何语法。

```
ALTER TABLE name RENAME TO new_name
ALTER TABLE name ADD COLUMNS (col_spec[, col_spec...])
ALTER TABLE name DROP [COLUMN] column_name
ALTER TABLE name CHANGE column_name new_name new_type
ALTER TABLE name REPLACE COLUMNS (col_spec[, col_spec...])
```

以下查询将表 employee 重命名为 emp。

```
hive > ALTER TABLE employee RENAME TO emp;
```

重命名表的 JDBC 程序如下所示。

```
import java.sql.SQLException;
import java.sql.Connection;
import java.sql.ResultSet;
import java.sql.Statement;
import java.sql.DriverManager;

public class HiveAlterRenameTo {
    private static String driverName = "org.apache.hadoop.hive.jdbc.HiveDriver";

    public static void main(String[] args) throws SQLException {

        // Register driver and create driver instance
        Class.forName(driverName);

        // get connection
        Connection con = DriverManager.getConnection("jdbc:hive://localhost:10000/
userdb", "", "");
```

```
    // create statement
    Statement stmt = con.createStatement();

    // execute statement
    stmt.executeQuery("ALTER TABLE employee RENAME TO emp;");
    System.out.println("Table Renamed Successfully");
    con.close();
  }
}
```

将程序保存在名为 HiveAlterRenameTo.java 的文件中。使用以下命令编译并执行此程序。

```
$ javac HiveAlterRenameTo.java
$ java HiveAlterRenameTo
```

输出结果如下：

```
Table renamed successfully.
```

表 4-3-2 包含 employee 表的字段，并显示要更改的字段(以粗体显示)。

表 4-3-2 employee 表的字段更改说明

字段名称	从数据类型转换	更改字段名称	转换为数据类型
开斋节	INT	开斋节	INT
名称	串	为 ename	串
薪水	浮动	薪水	双
指定	串	指定	串

以下查询使用以上数据重命名列名称和列数据类型：

```
hive > ALTER TABLE employee CHANGE name ename String;
hive > ALTER TABLE employee CHANGE salary salary Double;
```

下面代码给出了更改列的 JDBC 程序。

```
import java.sql.SQLException;
import java.sql.Connection;
import java.sql.ResultSet;
import java.sql.Statement;
import java.sql.DriverManager;

public class HiveAlterChangeColumn {
  private static String driverName = "org.apache.hadoop.hive.jdbc.HiveDriver";

  public static void main(String[] args) throws SQLException {

    // Register driver and create driver instance
    Class.forName(driverName);

    // get connection
    Connection con = DriverManager.getConnection("jdbc:hive://localhost:10000/
userdb", "", "");
```

```
    // create statement
    Statement stmt = con.createStatement();

    // execute statement
    stmt.executeQuery("ALTER TABLE employee CHANGE name ename String;");
    stmt.executeQuery("ALTER TABLE employee CHANGE salary salary Double;");

    System.out.println("Change column successful.");
    con.close();
    }
}
```

将程序保存在名为 HiveAlterChangeColumn.java 的文件中。使用以下命令编译并执行此程序。

```
$ javac HiveAlterChangeColumn.java
$ java HiveAlterChangeColumn
```

输出结果如下:

```
Change column successful.
```

以下查询将名为 dept 的列添加到 employee 表中。

```
hive > ALTER TABLE employee ADD COLUMNS (
dept STRING COMMENT 'Department name');
```

下面给出了向表中添加列的 JDBC 程序。

```
import java.sql.SQLException;
import java.sql.Connection;
import java.sql.ResultSet;
import java.sql.Statement;
import java.sql.DriverManager;

public class HiveAlterAddColumn {
    private static String driverName = "org.apache.hadoop.hive.jdbc.HiveDriver";

    public static void main(String[] args) throws SQLException {

        // Register driver and create driver instance
        Class.forName(driverName);

        // get connection
        Connection con = DriverManager.getConnection("jdbc:hive://localhost:10000/
userdb", "", "");

        // create statement
        Statement stmt = con.createStatement();

        // execute statement
        stmt.executeQuery("ALTER TABLE employee ADD COLUMNS " + " (dept STRING COMMENT
'Department name');");
```

```
        System. out. prinln ("Add column successful. ");

        con. close();
    }
}
```

将程序保存在名为 HiveAlterAddColumn. java 的文件中。使用以下命令编译并执行此程序。

```
$ javac HiveAlterAddColumn. java
$ java HiveAlterAddColumn
```

输出结果如下：

```
Add column successful.
```

4. 替换

以下查询将删除 employee 表中的所有列,并将其替换为 emp 和 name 列：

```
hive > ALTER TABLE employee REPLACE COLUMNS (
eid INT empid Int,
ename STRING name String);
```

下面给出了使用带有名称的 empid 和 ename 列替换 eid 列的 JDBC 程序。

```
import java. sql. SQLException;
import java. sql. Connection;
import java. sql. ResultSet;
import java. sql. Statement;
import java. sql. DriverManager;

public class HiveAlterReplaceColumn {

    private static String driverName = "org. apache. hadoop. hive. jdbc. HiveDriver";

    public static void main (String[] args) throws SQLException {

        // Register driver and create driver instance
        Class. forName (driverName);

        // get connection
        Connection con = DriverManager. getConnection ("jdbc:hive://localhost:10000/
userdb", "", "");

        // create statement
        Statement stmt = con. createStatement();

        // execute statement
        stmt. executeQuery("ALTER TABLE employee REPLACE COLUMNS "
            +" (eid INT empid Int,"
            +" ename STRING name String);");

        System. out. println (" Replace column successful");
        con. close();
```

```
        }
    }
```

将程序保存在名为 HiveAlterReplaceColumn. java 的文件中。使用以下命令编译并执行此程序。

```
$ javac HiveAlterReplaceColumn. java
$ java HiveAlterReplaceColumn
```

输出结果如下：

```
Replace column successful.
```

5. 删除表

删除表的语法如下：

```
DROP TABLE [ IF EXISTS] table_name;
```

以下代码为查询并删除名为 employee 的表：

```
hive > DROP TABLE IF EXISTS employee;
```

成功执行查询后,用户将看到以下响应：

```
OK
Time taken: 5. 3 seconds
hive >
```

以下代码示例为 JDBC 程序删除 employee 表。

```
import java. sql. SQLException;
import java. sql. Connection;
import java. sql. ResultSet;
import java. sql. Statement;
import java. sql. DriverManager;

public class HiveDropTable {

    private static String driverName = "org. apache. hadoop. hive. jdbc. HiveDriver";

    public static void main (String[] args) throws SQLException {

        // Register driver and create driver instance
        Class. forName (driverName);

        // get connection
        Connection con = DriverManager. getConnection ("jdbc:hive://localhost:10000/userdb", "", "");

        // create statement
        Statement stmt = con. createStatement ();

        // execute statement
```

```
    stmt. executeQuery("DROP TABLE IF EXISTS employee;");
    System. out. println("Drop table successful. ");

    con. close();
    }
}
```

将程序保存在名为 HiveDropTable. java 的文件中。使用以下命令编译并执行此程序。

```
$ javac HiveDropTable. java
$ java HiveDropTable
```

输出结果为如下代码：

```
Drop table successful
```

以下查询用于验证表列表：

```
hive > SHOW TABLES;
emp
ok
Time taken: 2.1 seconds
hive >
```

6. 分区

Hive 将表组织到分区中。它是一种根据分区列(如日期,城市和部门)的值将表划分为相关部分的方法。使用分区,可以轻松查询部分数据。

表或分区被细分为桶,以便为可用于更有效查询的数据提供额外的结构。Bucketing 基于表的某些列的散列函数的值来工作。

例如,名为 Tab1 的表包含员工数据,如 id、name、dept 和 yoj(即加入年份)。假设用户需要检索 2012 年加入的所有员工的详细信息,查询将在整个表中搜索所需信息。但是,如果使用年份对员工数据进行分区并将其存储在单独的文件中,则会缩短查询处理时间。以下示例显示如何对文件及其数据进行分区。

以下文件包含 employeedata 表：

```
/ TAB1 / EmployeeData / file1
id, name, dept, yoj
1, gopal, TP, 2012
2, kiran, HR, 2012
3, kaleel, SC, 2013
4, Prasanth, SC, 2013
```

创建并插入数据到 employee,如图 4-3-1 所示：

上述数据使用年份分为两个文件：

```
/ TAB1 / EmployeeData / 2012 / file2
1, gopal, TP, 2012
2, kiran, HR, 2012
```

图 4-3-1　插入数据

```
/ TAB1 / EmployeeData/ 2013 / file3
3, kaleel, SC, 2013
4, Prasanth, SC, 2013
```

（1）添加分区

可以通过更改表来为表添加分区。假设有一个名为 employee 的表,其中包含 Id,Name, Salary,Designation,Dept 和 yoj 等字段。具体语句语法为:

```
ALTER TABLE table_name ADD [ IF NOT EXISTS] PARTITION partition_spec
[LOCATION 'location1'] partition_spec [LOCATION 'location2'] ...;
partition_spec:
: (p_column = p_col_value, p_column = p_col_value,...)
```

以下查询用于将分区添加到 employee 表。

```
hive > ALTER TABLE employee
 > ADD PARTITION (year = '2012')
 > location '/2012/part2012';
```

（2）重命名分区

重命名分区命令的语法如下:

```
ALTER TABLE table_name PARTITION partition_spec RENAME TO
PARTITION partition_spec;
```

以下查询用于重命名分区:

```
hive > ALTER TABLE employee PARTITION (year = '1203')
 > RENAME TO PARTITION (Yoj = '1203');
```

（3）删除分区

以下语法用于删除分区：

```
ALTER TABLE table_name DROP [ IF EXISTS] PARTITION partition_spec,
PARTITION partition_spec,...;
```

以下查询用于删除分区：

```
hive > ALTER TABLE employee DROP [ IF EXISTS]
     > PARTITION (year = '1203');
```

任务实施

本任务主要介绍了 Hive 命令，使学生了解如何创建表、修改表、删除表、以及建立分区。

在 CentOS 系统中，启动 Hadoop、Hive 等进程，在 Hive 中应用创建好数据库，在数据库中进行以下操作：

（1）创建表

```
hive > create table pokes (foo int, bar string);
hive > create a table called pokes with two columns, the first being an integer and
the other a string
```

（2）创建一个新表

```
hive > create table new_table like records;
```

（3）创建分区表

```
hive > create table logs (ts bigint, line string) partitioned by (dtstring, country
string);
```

（4）加载分区表数据

```
hive >  load data local inpath '/home/hadoop/input/hive/partitions/file1 ' into
table logs partition (dt = '2001-01-01', country = 'GB');
```

（5）展示表中有多少分区

```
hive > show partitions logs;
```

（6）展示所有表

```
hive > show tables;
lists all the tables
hive > show tables '.* s';
lists all the table that end with 's'. The pattern matching follows Java regular
expressions. Check out this link for documentation
```

（7）展示表的结构信息

```
hive > describe invites;
shows the list of columns
```

（8）更新表的名称

```
hive >alter table source rename to target;
```

（9）添加新一列

```
hive > alter table invites add columns (new_col2 int commint 'a comment');
```

（10）删除表

```
hive > drop table records;
```

（11）删除表中数据，但不要表的结构定义

```
hive > dfs -rmr /user/hive/warehouse/records;
```

（12）从本地文件加载数据

```
hive > load data local inpath '/home/hadoop/input/ncdc/micro-tab/sample.txt'
overwrite into table records;
```

（13）显示所有函数

```
hive > show functions;
```

（14）查看函数用法

```
hive > describe function substr;
```

（15）查看数组、map、结构

```
hive > select col1[0],col2['b'],col3.c from complex;
```

（16）内连接

```
hive > select sales.* , things.* from sales join things on (sales.id = things.id);
```

（17）查看 Hive 为某个查询使用多少个 MapReduce 作业

```
hive > Explain select sales.* , things.* from sales join things on (sales.id =
things.id);
```

（18）外连接

```
hive > SELECT sales.* , things.*  FROM sales LEFT OUTER JOIN things ON
(sales.id = things.id);
hive > SELECT sales.* , things.*  FROM sales RIGHT OUTER JOIN things ON (sales.id =
things.id);
hive > SELECT sales.* , things.*  FROM sales FULL OUTER JOIN things ON (sales.id =
things.id);
```

（19）in 查询

Hive 不支持 in 查询，但可以使用 LEFT SEMI JOIN，代码如下：

```
hive > SELECT *  FROM things LEFT SEMI JOIN sales ON (sales.id = things.id);
```

（20）Map 连接

Hive 可以把较小的表放入每个 Mapper 的内存来执行连接操作，示例代码如下：

```
hive > SELECT /* + MAPJOIN(things) * / sales.* , things.*  FROM sales JOIN
things ON (sales.id = things.id);
INSERT OVERWRITE TABLE .. SELECT: 新表预先存在
hive > FROM records2
```

```
      > INSERT OVERWRITE TABLE stations_by_year SELECT year, COUNT(DISTINCT station)
GROUP BY year
      > INSERT OVERWRITE TABLE records_by_year SELECT year, COUNT(1) GROUP BY year
      > INSERT OVERWRITE TABLE good_records_by_year SELECT year, COUNT(1) WHERE temperature !=
9999 AND (quality = 0 OR quality = 1 OR quality = 4 OR quality = 5 OR quality = 9) GROUP
BY year;
```

CREATE TABLE ... AS SELECT：新表表预先不存在

```
hive > CREATE TABLE target AS SELECT col1,col2 FROM source;
```

（21）创建视图

```
hive > CREATE VIEW valid_records AS SELECT *  FROM records2 WHERE
temperature !=9999;
```

（22）查看视图详细信息

```
hive > DESCRIBE EXTENDED valid_records;
```

同步训练

【实训题目】

在已经搭建成功的 Hive 中使用 Hive 基本命令。

【实训目的】

①掌握 Hive 创建表格语句。

②掌握改变 Hive 结构的语句。

【实训内容】

①在已安装过 Hive 的 CentOS 系统中练习 Hive 基本命令。

②更改 Hive 表格基本结构。

③设置 Hive 分区。

▌任务4.4　Hive 命令行界面

任务目标

①Hive 表格中命令行选项：CLI 选项。

②Hive 中变量和属性。

③在 Hive 内使用 Hadoop 的 DFS 命令。

微课

任务 4.4　Hive
命令行界面

知识学习

1. CLI 选项

（1）Hive 命令行选项

为了获得有关 Hive 命令行的帮助，在控制台运行命令 hive -H 或者 hive -help，可以获得有关 Hive 命令行的帮助。表4-4-1 为 Hive 0.9.0 版本的命令行选项。

表 4-4-1　Hive 0.9.0 版本的命令行选项说明

命　　令	说　　明
- d, -- define < key = value >	在 Hive 命令中使用变量替换(Variable substitution)。例如, - d A = B or -- defineA = B
- e < quoted-query-string >	在命令行模式下直接运行 SQL 语句
- f < filename >	在命令行模式下运行指定文件中的 SQL 语句
- H, -- help	输出命令行选项信息
- h < hostname >	连接安装在远程主机上的 Hive 服务器
-- hiveconf < property = value >	连接 Hive 服务器时同时指定一些属性值
-- hivevar < key = value >	应用到 Hive 命令中的变量替换(Variable substitution)。例如, -- hivevarA = B
- i < filename >	指定初始化文件。如果在启动 Hive 时没有使用 - i 选项指定初始文件, CLI(Command LineInterface) 将使用 $ HIVE_HOME/bin/. hiverc and $ HOME/. hiverc 进行初始化
- S, -- silent	Hive 以 silent 模式运行,命令执行过程中不输出中间信息
- v, -- verbose	Hive 以 verbose 模式,在控制台显示 SQL 语句的执行状态

注意:自 Hive 0. 10. 0 始,增加了一个命令选项: -- database < dbname > 指定操作的数据库。

(2)Hive 命令行示例

在命令行中嵌入 SQL 语句:

```
$ HIVE_HOME/bin/hive-e 'select a. col from tab1 a'
```

在命令行中嵌入 SQL 语句同时设置 Hive 运行参数值:

```
$ HIVE_HOME/bin/hive-e 'select a. col from tab1 a'-
hiveconfhive. exec. scratchdir = /home/my/hive_scratch -hiveconfmapred. reduce. tasks
=32
```

以 silent 模式执行 SELECT 语句,并且把查询结果导出到文本文件 a. txt 中。

```
$ HIVE_HOME/bin/hive-S -e 'select a. col from tab1 a' > a. txt
```

直接执行指定脚本文件中的 SQL 语句,示例代码如下:

```
$ HIVE_HOME/bin/hive-f /home/my/hive-script. sql
```

在启动 Hive 的时候指定初始化脚本文件,示例代码如下:

```
$ HIVE_HOME/bin/hive-i /home/my/hive-init. sql
```

(3)批处理模式命令

当加上 - f 或者 - e 选项时,Hive 将在批处理模式下执行 SQL 语句,命令具体说明如表 4-4-2 所示。

表4-4-2　批处理模式命令说明

命　　令	说　　明
hive -e´< query-string >´	执行一条 SQL 查询语句
hive -f < filepath >	执行包含在指定文件中的一条或者多条 SQL 查询语句

（4）Hive 交互式 Shell 模式命令

不加-f 或者-e 选项启动 Hive,Hive 则进入交互 Shell 模式。在 Hive 交互 Shell 模式下,输入的任何命令都须以";"结束。在脚本文件中,通过"--"可以实现对命令加注释。表4-4-3 是进入 Hive 交互 Shell 模式后常用的 Hive 命令。

表4-4-3　Hive 交互式 Shell 模式命令说明

命　　令	说　　明
Quit 或 exit	退出 Hive 交互 Shell 模式命令
reset	重新设置默认的配置项
set < key > = < value >	设置专门的配置变量(particular configuration variable)的值(key)。需要注意的是如果参数变量名拼写错误,CLI 将不报错
set	输出被用户或者 Hive 修改过的配置变量列表
set-v	输出所有的 Hadoop 与 Hive 配置变量
add FILE[S]　< filepath > < filepath > * add JAR[S]　< filepath > < filepath > * add ARCHIVE[S]　< filepath > < filepath > *	往分布式缓存(distributed cache)中的资源列表增加一个或者多个脚本、JAR 或者 archives 文件
list FILE[S] list JAR[S] list ARCHIVE[S]	输出已经存在于分布式缓存中的资源文件名
list FILE[S]　< filepath > * list JAR[S]　< filepath > * list ARCHIVE[S]　< filepath > *	检查指定的资源文件是否存在于分布式缓存中
delete FILE[S]　< filepath > * delete JAR[S]　< filepath > * delete ARCHIVE[S]　< filepath > *	删除分布式缓存中指定的资源文件
! < command >	在 Hive 中执行一条控制柜命令
dfs < dfs command >	在 Hive 中执行一条 Hadoop 的 dfs command
< query string >HiveSQL	查询命令,以标准输出格式输出结果
source FILE < filepath >	在 Hive 中执行一个脚本文件

示例代码如下:

```
hive > set mapred. reduce. tasks = 32;
hive > set;
hive > select a. *  from tab1;
hive > !ls;
hive >dfs -ls;
```

（5）运行日志

Hive 使用 log4j 管理运行日志,运行日志信息不是直接输出,而是保存到由 Hive 的 log4j 参数指定的日志文件中。默认情况下,Hive 使用警告级别(WARN level)把运行日志写入文件/tmp/ < userid >/hive. log 中,该文件在 Hive 安装目录下 conf 子目录中的 Hive-log4j. default 进行了指定。如果希望运行日志直接输出到控制台或者出于调试目的改变日志级别,可以通过下列命令来实现:

```
$ HIVE_HOME/bin/hive-hiveconfhive. root. logger = INFO,console
```

通过 hive. root. logger 参数修改日志级别及输出目的地,console 要求把运行信息输出到控制台而不是日志文件。

（6）Hive 资源

Hive 可以管理查询会话(Session)运行期间需要添加的资源文件。资源文件可以是脚本、JAR或者 archives 文件,任何本地可存取的文件都可以被加到会话中。对于加入到会话中的资源文件,Hive 查询命令通过文件名引用它,并且可以在查询命令执行期间应用到整个 Hadoop 集群。在查询命令执行期间,Hive 使用 Hadoop 的分布式缓存分配增加的资源文件给整个集群上的所有机器。

用法如下:

```
ADD { FILE[ S] |JAR[ S]  |ARCHIVE[ S] } < filepath1 > [ < filepath2 >]*
LIST { FILE[ S] |JAR[ S]  |ARCHIVE[ S] }[ < filepath1 > < filepath2 > ..]
DELETE { FILE[ S] |JAR[ S]  |ARCHIVE[ S] }[ < filepath1 > < filepath2 > ..]
```

①FILE 类型资源是被增加到分布式缓存的可执行的实现转换任务的脚本文件。

②JAR 类型资源也被加入 Java classpath,主要是了调用它们包含的一些自定义方法(UDFs)。

③ARCHIVE 资源将自动归档为分发资源的一部分。

示例:

```
hive > add FILE /tmp/tt. py;
hive > list FILES;
/tmp/tt. py
hive > select from networks a
            MAP a. networkid
            USING 'python tt. py' as nn wherea. ds = '2009-01-04' limit 10;
```

如果同名文件已经在整个 Hadoop 集群中使用,那么 FILE 类型的资源文件就不必再附加:

```
... MAP a. networkidUSING 'wc -l'...
```

在这里,wc 即是一个使所有机器有效的可应用资源。

```
... MAP a. networkidUSING '/home/nfsserv1/hadoopscripts/tt. py'...
```

在这里,tt. py 是可以被 NFS 挂接点上的所有机器使用的资源文件。

注意:

①HiveServer2(在 Hive 0.11 版本引进)有一个新的 CLI 被称为 Beeline,它是一个基于 SQLLine 的 JDBC 客户端。

②HCatalog 从 Hive 0.11.0 版本开始引入 Hive。许多(但不是全部)hcat commands 将成为 hive commands,反之亦然。

2. 变量和属性

Hive 中变量和属性命名空间,如表4-4-4 所示。

表 4-4-4 Hive 中变量和属性命名空间

命名空间	使用权限	描 述
Hivevar	可读/可写	(Hive v0.8.0 以及之后的版本)用户自定义变量
hiveConf	可读/可写	Hive 相关的配置属性
System	可读/可写	Java 定义的配置属性
env	只读	Shell 环境(例如 bash)定义的环境变量

几个例子操作如下:

```
&hive
SLF4J: Class path contains multiple SLF4J bindings.
SLF4J: Found binding in [ jar: file:/home/hadoop/apache-hive-2.1.0-bin/lib/log4j-
slf4j-impl-2.4.1.jar!/org/slf4j/impl/StaticLoggerBinder.class]
SLF4J: Found binding in [ jar: file:/home/hadoop/hadoop/share/hadoop/common/lib/
slf4j-log4j12-1.7.10.jar!/org/slf4j/impl/StaticLoggerBinder.class]
SLF4J: See http://www.slf4j.org/codes.html#multiple_bindings for an explanation.
SLF4J: Actual binding is of type [org.apache.logging.slf4j.Log4jLoggerFactory]
Logging initialized using configuration in jar: file:/home/hadoop/apache-hive-
2.1.0-bin/lib/hive-common-2.1.0.jar!/hive-log4j2.properties Async: true
Hive-on-MR is deprecated in Hive 2 and may not be available in the future versions.
Consider using a different execution engine (i.e. spark, tez) or using Hive
```

①Releases:

```
hive > set env:HOME;
env:HOME = /home/hadoop
this is didsplay /home/user
```

②et;和 set -v 这两个命令都会打印出 hivevar、hiveconf、system、env 等变量,但是带-v 的命令会在这个基础上打印出所有定义的属性,如 HDFS 和 MapReduce 的属性。

③可以用 set 命令去为一个变量赋值,以及打印出变量值。

```
$ hive -- define foo = bar
hive > set foo;
foo = bar
hive > set hivevar:foo;
hivevar:foo = bar
```

```
hive > set hivevar:foo = bar2;
hive > set foo;
foo = bar2
hive > set hivevar:foo;
hivevar:foo = bar2
hivevar: is one optional -- hivevar and --define are same
hive > create table toss1(i int, ${hivevar:foo} string);
OK
Time taken: 7.339 seconds
hive > describe toss1;
OK
i                        int
bar2                     string
Time taken: 1.773 seconds, Fetched: 2 row(s)
hive > create table toss2(i2 int, ${foo} string);
OK
Time taken: 0.769 seconds
hive > describe toss2;
OK
i2                       int
bar2                     string
Time taken: 0.463 seconds, Fetched: 2 row(s)
```

3. 在 Hive 内使用 Hadoop 的 DFS 命令

创建目录：

```
hadoopdfs -mkdir /home
```

上传文件或目录到 HDFS：

```
hadoopdfs -put hello /hadoopdfs -put hellodir/ /
```

查看目录：

```
hadoopdfs -ls /
```

创建一个空文件：

```
hadoopdfs -touchz /wahaha
```

删除一个文件：

```
hadoopdfs -rm /wahaha
```

删除一个目录：

```
hadoopdfs -rmr /home
```

重命名：

```
hadoopdfs -mv /hello1 /hello2
```

查看文件：

```
hadoopdfs -cat /hello
```

将制定目录下的所有内容 merge 成一个文件，下载到本地：

```
hadoopdfs -getmerge /hellodirwa
```

使用 du 文件和目录大小：

```
hadoopdfs -du /
```

将目录复制到本地：

```
hadoopdfs -copyToLocal　/home localdir
```

查看 DFS 的情况：

```
hadoopdfsadmin -report
```

查看正在运行的 Java 程序：

```
jps
```

任务实施

本任务主要介绍了 Hive 内使用 Hadoop 的 DFS 命令，使同学更加清楚地认识到 Hadoop、HDFS、Hive 之间的传递关系。

①启动 Hive 时加入参数，进行定义变量，启动后可以更改参数的值：

```
$ hive -- define foo = bar
hive > set foo;查询变量的值
hive > set hivevar:foo = bar2;#更改变量值
#在创建表时可以用 hive 中定义的变量
hive > create table hadoop (id int, $ {hivevar:foo} string);
```

②查询，代码如下：

```
$ hive -e "select *  from hadoop limit 3"; #加上参数-S 可以只获取想要的对应
```

表中的数据

```
$ hive-S -e "select *  from hadoop limit 3";#可以利用重定向功能将返回的结果存储到文件中
$ hive -e "select *  from hadoop limit 3"  >/tmp/myquery #用 cat 可以查看
```

③Hive 中还可以将多个查询语句存储在文件中，然后一并执行：

```
$ hive -f /path/file. hql;
在 hive shell 中可以用 source /path/file. hql 执行.
```

④Hive 中还可以执行 Shell 命令：

```
hive > ! /bin/echo "what up dog";
```

注意：不能使用需要用户进行输入的交互命令。

⑤Hive 中使用 Hadoop 的 DFS 命令只需要将 Hadoop 命令中的关键字 hadoop 去掉，然后用分号结束。代码如下所示：

```
Hive > dfs -ls /user/Hadoop/;
```

⑥Hive 脚本中的注释，代码如下所示：

```
-- Copyright (c) 2012 Megacorp, LLC.
-- This is the best Hive Script evar;
```

【实训题目】

完成 Hive 相关 Shell 命令,了解 CLI 选项,查看操作命令历史。

【实训目的】

①掌握 CLI 选项的概念。

②掌握 Hive 中变量和属性命名空间。

【实训内容】

①练习 Hive 的基本 shell 命令。

②了解 Hive 中的属性及变量。

③练习在 Hive 中使用 Hadoop 的 DFS 命令。

任务4.5 数据类型和文件格式

任务目标

①了解基本的数据类型。

②了解文本文件数据的领域。

③了解集合数据类型。

微课

任务 4.5 数据
类型和文件格式

知识学习

1. 基本数据类型

数值型类型如图 4-5-1 所示。

类型	支持范围
TINYINT	1-byte signed integer, from -128 to 127
SMALLINT	2-byte signed integer, from -32,768 to 32,767
INT/INTEGER	4-byte signed integer, from -2,147,483,648 to 2,147,483,647
BIGINT	8-byte signed integer, from -9,223,372,036,854,775,808 to 9,223,372,036,854,775,807
FLOAT	4-byte single precision floating point number
DOUBLE	8-byte double precision floating point number
DOUBLE	PRECISION
DECIMAL	Decimal datatype was introduced in Hive 0.11.0 (HIVE-2693) and revised in Hive 0.13.0 (HIVE-3976)

图 4-5-1 数据型类型

(1) Integral Types (TINYINT、SMALLINT、INT/INTEGER、BIGINT)

默认情况下,整数型为 INT 型,当数字大于 INT 型的范围时,会自动解释执行为 BIGINT,或者使用以下后缀进行说明,如图 4-5-2 所示。

类型	后缀	例子
TINYINT	Y	100Y
SMALLINT	S	100S
BIGINT	L	100L

图 4-5-2 数据型类型

（2）Decimals

Hive 的小数型是基于 Java BigDecimal 做的，BigDecimal 在 Java 中用于表示任意精度的小数类型。所有常规数字运算（如 + 、− 、∗ 、/）和相关的 UDFs（如 Floor、Ceil、Round 等）都使用和支持 Decimal。用户可以将 Decimal 和其他数值型互相转换，且 Decimal 支持科学计数法和非科学计数法。因此，无论用户的数据集是否包含如 4.004E+3（科学记数法）或 4004（非科学记数法）或两者的组合的数据，可以使用 Decimal。

从 Hive 0.13 开始，用户可以使用 DECIMAL（precision，scale）语法在创建表时来定义 Decimal 数据类型的 precision 和 scale。如果未指定 precision，则默认为 10。如果未指定 scale，它将默认为 0（无小数位）。

```
CREATE TABLE foo(
a DECIMAL,-Defaults to decimal(10,0)
b DECIMAL(9,7)
)
```

大于 BIGINT 的数值，需要使用 BD 后缀以及 DECIMAL(38,0) 来处理，例如：

```
select CAST(18446744073709001000BD AS DECIMAL(38,0))from my_tablelimit 1;
```

Decimal 在 Hive 0.12.0 和 0.13.0 之间是不兼容的，故 0.12 前的版本需要迁移才可继续使用，具体情况参见官网。

（3）日期型（见图4-5-3）

类型	支持版本
TIMESTAMP	Note: Only available starting with Hive 0.8.0
DATE	Note: Only available starting with Hive 0.12.0
INTERVAL	Note: Only available starting with Hive 1.2.0

图 4-5-3　日期型类型

①Timestamps，支持传统的 UNIX 时间戳和可选的纳秒精度。
● 支持的转化。
● 整数数字类型：以秒为单位解释为 UNIX 时间戳。
● 浮点数值类型：以秒为单位解释为 UNIX 时间戳，带小数精度。
● 字符串：符合 JDBC java. sql. Timestamp 格式"YYYY-MM-DD HH:MM:SS. fffffffff"（9 位小数位精度）。

时间戳被解释为无时间的，并被存储为从 Unix 纪元的偏移量。提供了用于转换到和从时区转换的便捷 UDFs（to_utc_timestamp，from_utc_timestamp）。所有现有的日期时间 UDFs（月，日，年，小时等）都使用 TIMESTAMP 数据类型。

Text files 中的时间戳必须使用格式 yyyy-mm-dd hh:mm:ss [. f …]。如果它们是另一种格式，请将它们声明为适当的类型（INT，FLOAT，STRING 等），并使用 UDF 将它们转换为时间戳。

在表级别上，可以通过向 SerDe 属性 timestamp. formats（自版本 1.2.0 with HIVE-9298）提供格式来支持备选时间戳格式。例如，yyyy-MM-dd′T′HH:mm:ss. SSS、yyyy-MM-dd′T′HH:mm:ss。

②Dates。

DATE 值描述特定的年/月/日,格式为 YYYY-MM-DD。例如,DATE′2013-01-01′。日期类型没有时间组件。Date 类型支持的值范围是 0000-01-01 到 9999-12-31,这取决于 Java Date 类型的原始支持。

Date types 只能在 Date、Timestamp 或者 String types 之间转换,如图 4-5-4 所示。

转换类型	结果
cast(date as date)	Same date value
cast(date as string)	The year/month/day represented by the Date is formatted as a string in the form 'YYYY-MM-DD'.
cast(date as timestamp)	A timestamp value is generated corresponding to midnight of the year/month/day of the date value, based on the local timezone.
cast(string as date)	If the string is in the form 'YYYY-MM-DD', then a date value corresponding to that year/month/day is returned. If the string value does not match this formate, then NULL is returned.
cast(timestamp as date)	The year/month/day of the timestamp is determined, based on the local timezone, and returned as a date value.

图 4-5-4　日期型类型

(4)字符型

①Strings,字符串文字可以用单引号(′)或双引号(″)表示。Hive 在字符串中使用 C 风格的转义。

②Varchar,Varchar 类型使用长度说明符(介于 1 和 65355 之间)创建,它定义字符串中允许的最大字符数。如果要转换/分配给 Varchar 值的字符串值超过 Length 说明符,则字符串将被静默截断。字符长度由字符串包含的代码点的数量确定。像字符串一样,尾部空格在 Varchar 中很重要,并且会影响比较结果。

非通用 UDFs 不能直接使用 Varchar 类型作为输入参数或返回值。可以创建字符串 UDFs,而 Varchar 值将被转换为 Strings 并传递到 UDF。要直接使用 Varchar 参数或返回 Varchar 值,请创建 GenericUDF。

如果基于 reflection-based 方法来获取数据类型信息,则可能存在不支持 Varchar 的场景,这包括一些 SerDe 函数实现。

③Char。字符类型与 Varchar 类似,但它们是固定长度的,意味着比指定长度值短的值用空格填充,但尾随空格在比较期间不重要。最大长度固定为 255。

```
CREATE TABLE foo(bar CHAR(10));
```

其他

```
BOOLEAN
BINARY(Note:Only available starting with Hive 0.8.0)
```

(5)复杂类型(见图 4-5-5)

2. 文件格式

Hive 文件存储格式包括以下几类:TEXTFILE、SEQUENCEFILE、RCFILE 和 ORCFILE(0.11 版本以后出现)。

其中 TEXTFILE 为默认格式,建表时不指定默认为这个格式,导入数据时会直接把数据文件复制到 HDFS 上不进行处理。

类型		支持版本
arrays	ARRAY(data_type)	Note: negative values and non-constant expressions are allowed as of Hive 0.14.
maps	MAP(primitive_type, data_type)	Note: negative values and non-constant expressions are allowed as of Hive 0.14.
structs	STRUCTcol_name : data_type [COMMENT col_comment], ...)	
union	UNIONTYPE(data_type, data_type, ...)	Note: Only available starting with Hive 0.7.0.

图 4-5-5 复杂类型

SEQUENCEFILE、RCFILE、ORCFILE 格式的表不能直接从本地文件导入数据,数据要先导入到 TEXTFILE 格式的表中,然后再从表中用 insert 导入 SEQUENCEFILE、RCFILE、ORCFILE 表中。

前提需要创建环境:Hive 0.8,然后,创建一张 testfile_table 表,格式为 TEXTFILE。

```
create table if not exists testfile_table(
site string,
url  string,
pvbig int,
label string)
row format delimited fields terminated by '\t' stored as textfile;
load data local inpath '/app/weibo.txt' overwrite into table textfile_table;
```

(1)TEXTFILE

TEXTFILE 为默认格式,数据不做压缩,磁盘开销大,数据解析开销大。可结合 Gzip、Bzip2 使用(系统自动检查,执行查询时自动解压),但使用这种方式,Hive 不会对数据进行切分,从而无法对数据进行并行操作。

示例:

```
create table if not exists textfile_table(
site string,
url  string,
pvbigint,
label string)
row format delimited
fields terminated by '\t'
stored as textfile;
```

插入数据操作:

```
set hive. exec. compress. output = true;
set mapred. output. compress = true;
setmapred. output. compression. codec = org. apache. hadoop. io. compress. GzipCodec;
set io. compression. codecs = org. apache. hadoop. io. compress. GzipCodec;
insert overwrite table textfile_table select* from textfile_table;
```

(2)SEQUENCEFILE

SEQUENCEFILE 是 Hadoop API 提供的一种二进制文件支持,其具有使用方便、可分割、可压缩的特点。

SEQUENCEFILE 支持三种压缩选择:NONE、RECORD、BLOCK。RECORD 压缩率低,一般建议

使用 BLOCK 压缩。

示例：

```
create table if not exists seqfile_table(
site string,
url  string,
pvbigint,
label string)
row format delimited
fields terminated by '\t'
stored as sequencefile;
```

插入数据操作：

```
set hive. exec. compress. output = true;
set mapred. output. compress = true;
set mapred. output. compression. codec = org. apache. hadoop. io. compress. GzipCodec;
set io. compression. codecs = org. apache. hadoop. io. compress. GzipCodec;
SET mapred. output. compression. type = BLOCK;
insert overwrite table seqfile_table select* from textfile_table;
```

（3）RCFILE

RCFILE 是一种行列存储相结合的存储方式。首先,其将数据按行分块,保证同一个 RECORD 在一个块上,避免读一个记录需要读取多个 BLOCK。其次,块数据列式存储,有利于数据压缩和快速的列存取。

RCFILE 文件示例：

```
create table if not exists rcfile_table(
site string,
url  string,
pvbigint,
label string)
row format delimited
fields terminated by '\t'
stored as rcfile;
```

插入数据操作：

```
set hive. exec. compress. output = true;
set mapred. output. compress = true;
set mapred. output. compression. codec = org. apache. hadoop. io. compress. GzipCodec;
set io. compression. codecs = org. apache. hadoop. io. compress. GzipCodec;
insert overwrite table rcfile_table select* from textfile_table;
```

（4）TEXTFILE、SEQUENCEFILE、RCFILE 三种文件的存储情况

```
[hadoop@ node3 ~] $ hadoopdfs-dus/user/hive/warehouse/*
hdfs://node1:19000/user/hive/warehouse/hbase_table_1      0
hdfs://node1:19000/user/hive/warehouse/hbase_table_2      0
hdfs://node1:19000/user/hive/warehouse/orcfile_table      0
hdfs://node1:19000/user/hive/warehouse/rcfile_table      102638073
```

```
   hdfs://node1:19000/user/hive/warehouse/seqfile_table    112497695
   hdfs://node1:19000/user/hive/warehouse/testfile_table   536799616
   hdfs://node1:19000/user/hive/warehouse/textfile_table   107308067
   [hadoop@ node3 ~] $ hadoopdfs-ls/user/hive/warehouse/* /
   -rw-r - - r - -    2 hadoop supergroup   51328177 2014-03-20 00:42/user/hive/warehouse/
rcfile_table/000000_0
   -rw-r - - r - -    2 hadoop supergroup   51309896 2014-03-20 00:43/user/hive/warehouse/
rcfile_table/000001_0
   -rw-r - - r - -    2 hadoop supergroup   56263711 2014-03-20 01:20/user/hive/warehouse/
seqfile_table/000000_0
   -rw-r - - r - -    2 hadoop supergroup   56233984 2014-03-20 01:21/user/hive/warehouse/
seqfile_table/000001_0
   -rw-r - - r - -    2 hadoopsupergroup    536799616 2014-03-19 23: 15/user/hive/
warehouse/testfile_table/weibo. txt
   -rw-r - - r - -    2 hadoop supergroup   53659758 2014-03-19 23:24/user/hive/warehouse/
textfile_table/000000_0. gz
   -rw-r - - r - -    2 hadoop supergroup   53648309 2014-03-19 23:26/user/hive/warehouse/
textfile_table/000001_1. gz
```

总而言之,相比 TEXTFILE 和 SEQUENCEFILE,RCFILE 由于列式存储方式,数据加载时性能消耗较大,但是具有较好的压缩比和查询响应。数据仓库的特点是一次写入、多次读取。因此,整体来看,RCFILE 相比其余两种格式具有较明显的优势。

3. 压缩编码

(1)压缩方案比较

关于 Hadoop HDFS 文件的压缩格式选择,用户们通过多个真实的 Track 数据做测试,得出结论如下:

● 系统的默认压缩编码方式 DefaultCodec 无论在压缩性能上还是压缩比上,都优于 GZIP 压缩编码。这一点与网上的一些观点不大一致,网上不少人认为 GZIP 的压缩比要高一些,估计和 Cloudera 的封装及 Track 的数据类型有关。

● Hive 文件的 RCFILE 在压缩比、压缩效率及查询效率上都优于 SEQENCEFILE(包括 RECORD、BLOCK 级别)。

● 所有压缩文件均可以正常解压为 TEXT 文件,但比原始文件略大,可能是行列重组造成的。

① 关于压缩文件对于其他组件适用性如下:

● Pig 不支持任何形式的压缩文件。

● Impala 目前支持 SEQENCEFILE 的压缩格式,但还不支持 RCFILE 的压缩格式。

总之,从压缩及查询的空间和时间性能上来说,DefaultCodeC + RCFILE 的压缩方式均为最优,但使用该方式,会使得 Pig 和 Impala 无法使用(Impala 的不兼容不确定是否是暂时的)。而 DefaultCodec + SEQENCEFILE 在压缩比、查询性能上略差于 RCFILE(压缩比约 6:5),但可以支持 Impala 实时查询。

推荐方案:采用 RCFILE 方式压缩历史数据。FackBook 全部的 Hive 表都用 RCFILE 存数据。

② 局部压缩方法。

● 创建表时指定压缩方式,默认不压缩,以下为示例:

```
create external table track_hist(
id bigint,url string,referer string,keyword string,type int,gu_idstring,
.../* 此处省略中间部分字段* /...,string,ext_field10 string)
partitioned by(ds string)stored as RCFile location '/data/share/track_histk';
```

● 插入数据是设定立即压缩,示例代码如下:

```
SET hive. exec. compress. output = true;
insert overwrite table track_histpartition(ds = '2013-01-01')
select id,url,.../* 此处省略中间部分字段* /...,ext_field10 fromtrackinfo
where ds = '2013-01-01';
```

● 全局方式。

修改属性文件,在 hive-site. xml 中设置:

```
< property >
< name > hive. default. fileformat < /name >
< value > RCFile < /value >
< description > Default file format for CREATE TABLE statement. Options are TextFile
and SequenceFile. Users can explicitly say CREATE TABLE ... STORED AS&lt; TEXTFILE |
SEQUENCEFILE&gt; to override < /description >
< /property >
< property >
< name > hive. exec. compress. output < /name >
< value > true < /value >
< description > This controls whether the final outputs of a query(to a local/
hdfsfile or a hive table)is compressed. The compres
    sion codec and other options are determinedfromhadoop config variables
mapred. output. compress* < /description >
```

注意:

① Map 阶段输出不进行压缩。

② 对输出文本进行处理时不压缩。

(2) Hive 数据恢复

① 把 Hive 中的表数据备份到磁盘中,备份示例:

```
use GRC_BIGDATA;
insert overwrite local directory '/root/grc_bigdata/backup/src_companyinfo' ROW
FORMAT DELIMITED FIELDS TERMINATED BY ' |' STORED AS TEXTFILE   select * from src_
companyinfo;
```

以上语句说明,把 src_companyinfo 表中的数据以"|"为分隔符号,并备份到/root/grc_bigdata/backup/src_companyinfo 目录中。

备份之后的目录结构如下:

```
[ root@ hadoop-node3 src_companyinfo]#ll
总用量 11580
-rw-r--r--1 root root 8482661 11 月 11 19:38 000000_0
-rw-r--r--1 root root 2261124 11 月 11 19:38 000001_0
-rw-r--r--1 root root 1109324 11 月 11 19:38 000002_0
```

在 Hue 中浏览的 src_xtbillmx2013_st 的目录结构,如图 4-5-6 所示。

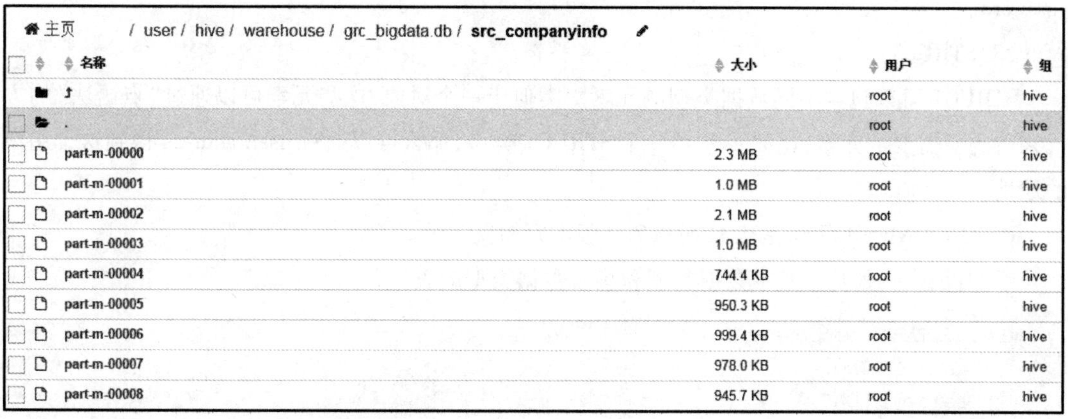

	名称	大小	用户	组
	↱		root	hive
	.		root	hive
	part-m-00000	2.3 MB	root	hive
	part-m-00001	1.0 MB	root	hive
	part-m-00002	2.1 MB	root	hive
	part-m-00003	1.0 MB	root	hive
	part-m-00004	744.4 KB	root	hive
	part-m-00005	950.3 KB	root	hive
	part-m-00006	999.4 KB	root	hive
	part-m-00007	978.0 KB	root	hive
	part-m-00008	945.7 KB	root	hive

主页 / user / hive / warehouse / grc_bigdata.db / **src_companyinfo**

图 4-5-6 src_xtbillmx2013_st 的目录结构

从以上结果可以看出,数据文件输出的个数与表在 Hive 中存储的文件个数不一定一致。

②把磁盘中的文件恢复到 Hive 中。

先在 Hive 中执行建表脚本:

```
CREATE TABLE IF NOT EXISTS src_xtbillmx2013_st
(twbmoneyf          double,
cxbz               double,
......
paixu              double,
ywlxid             string,
swbz               double
)
ROW FORMAT DELIMITED FIELDS TERMINATED BY '|' STORED AS TEXTFILE;
```

然后在 Hive 中执行如下导入命令:

```
use GRC_BIGDATA;
LOAD DATA LOCAL INPATH '/root/grc_bigdata/backup/src_xtbill2013_st' OVERWRITE INTO
TABLE src_xtbill2013_st;
```

③在 Hive 中备份 46 个表、一共 552 GB 的数据到 Linux 文件系统,一共耗时 55386 s,大概 15.4 h。从 Linux 文件系统中恢复以上数据,耗时 41217 s,大概 11.4 h。

4. 集合数据类型

除了 String、Boolean、Date 等基本数据类型之外,Hive 还支持三种高级数据类型。

(1)ARRAY

ARRAY 类型是由一系列相同数据类型的元素组成,这些元素可以通过下标来访问。比如有一个 ARRAY 类型的变量 fruits,它是由['apple','orange','mango']组成,那么用户们可以通过 fruits[1]来访问元素 orange,因为 ARRAY 类型的下标是从 0 开始的。

(2)MAP

MAP 包含 key->value 键值对,可以通过 key 来访问元素。比如"userlist"是一个 Map 类型,其中 username 是 key,password 是 value;那么可以通过 userlist['username']来得到这个用户对应的
password。

(3)STRUCT

STRUCT 可以包含不同数据类型的元素。类似于一个对象,这些元素可以通过"点语法"的方
式来得到所需要的元素,比如 user 是一个 STRUCT 类型,那么可以通过 user. address 得到这个用户
的地址。

UNION:UNIONTYPE,是从 Hive 0. 7. 0 版本开始支持的。

示例:创建一张基于基本数据类型和集合数据类型的表。

```
CREATE TABLE employees(
    name STRING,
    salary FLOAT,
    subordinates ARRAY < STRING > ,
    deductions MAP < STRING,FLOAT > ,
    address STRUCT < street:STRING,city:STRING,state:STRING,zip:INT >
)PARTITIONED BY(country STRING,state STRING);
ROW FORMAT DELIMITED
FIELDS TEMINATED BY '\001'
COLLECTION ITEMS TERMINATED BY '\002'
MAP KEYS TEMINATED BY '\003'
LINES TERMINATED BY '\n'
SORTED BY TEXTFILE;
```

任务实施

本任务主要介绍了文件格式、数据类型等操作,使学生更加深入地理解了 Hive 的数据类型和
文件格式。

首先启动 Hive 进程并进入 Hive,进入数据库并应用数据库,在数据库中创建新表。

1. 创建表(DDL 操作)

创建表语法如下所示:

```
create [EXTERNAL] table [IF NOT EXISTS] table_name
[(col_name data_type [COMMENT col_comment],... )]
[COMMENT table_comment]
[PARTITIONED BY(col_name data_type [COMMENT col_comment],... )]
[CLUSTERED BY(col_name,col_name,... )
[SORTED BY(col_name [ASC |DESC],... )] INTO num_buckets BUCKETS]
[ROW FORMAT row_format]
[STORED AS file_format]
[LOCATION hdfs_path]
```

(1)create table

创建一个指定名字的表。如果相同名字的表已经存在,则抛出异常;用户可以用 IF NOT
EXISTS 选项来忽略这个异常。

(2)exteral

external 关键字可以让用户创建一个外部表,在建表的同时指定一个指向实际数据的路径,

Hive 创建内部表时,会将数据移动到数据仓库指向的路径;若创建外部表,仅记录数据所在的路径,不对数据的位置做任何改变。在删除表的时候,内部表的元数据和数据会被一起删除,而外部表只删除元数据,不删除数据。

(3) like

允许用户复制现有表的结构。

(4) row format

```
DELIMITED [FIELDS TERMINATED BY char] [COLLECTION ITEMS TERMINATED BY char]
      [MAP KEYS TERMINATED BY char] [LINES TERMINATED BY char]
    | SERDE serde_name [WITH SERDEPROPERTIES (property_name = property_value,property
_name = property_value,...)]
```

　　用户在建表的时候可以自定义 SerDe 或者使用自带的 SerDe。如果没有指定 ROW FORMAT 或者 ROW FORMAT DELIMITED,将会使用自带的 SerDe。在建表的时候,用户还需要为表指定列,用户在指定表的列的同时也会指定自定义的 SerDe,Hive 通过 SerDe 确定表的具体的列的数据。

(5) stored as

```
sequence file | textfile | rcfle
```

　　如果文件数据是纯文本,可以使用 stored as textfile ,如果数据压缩,就使用 stored as sequencefile。

(6) clustered by

　　对于每一个表(table)或者分区,Hive 可以进一步组织成桶,也就是说桶是更为细粒度的数据范围划分。Hive 也是针对某一列进行桶的组织。Hive 采用对列值哈希,然后除以桶的个数求余的方式决定该条记录存放在哪个桶当中。

　　把表(或者分区)组织成桶(Bucket)有两个理由:

　　①获得更高的查询处理效率。桶为表加上了额外的结构,Hive 在处理一些查询时能利用这个结构。具体而言,连接两个在(包含连接列的)相同列上划分了桶的表,可以使用 Map 端连接(Map-side join)高效的实现。比如 JOIN 操作。对于 JOIN 操作两个表有一个相同的列,如果对这两个表都进行了桶操作。那么将保存相同列值的桶进行 JOIN 操作就可以大大减少 JOIN 的数据量。

　　②使取样(sampling)更高效。在处理大规模数据集时,在开发和修改查询的阶段,如果能在数据集的一小部分数据上试运行查询,会带来很多方便。

2. 管理表

```
create table book(id bigint,name string)partitioned by(pubdate string)row
format delimited fields terminated by '\t';
```

3. 外部表

```
create external table td_ext(id bigint,account string,income double,expenses
 double,time string)row format delimited fields terminated by '\t' location '/td_
ext';
```

4. 分区表

```
create table td_part(id bigint,account string,income double,expenses double,
  time string)partitioned by(logdate string)row format delimited fields terminated
by '\t';
```

5. 删除表

①修改表并重命名：

```
ALTER TABLE test RENAME TO test2
```

②增加、修改、删除表分区：

增加分区（通常是外部表）：

```
ALTER TABLE test ADD PARTITION(x = x1,y = y2)LOCATION '/user/test/x1/y1'
```

修改分区：

```
ALTER TABLE test ADD PARTITION(x = x1,y = y2)SET LOCATION '/user/test/x1/y1';
```

删除分区：

```
ALTER TABLE test DROP PARTITION(x = x1,y = y2);
```

③修改列信息（列重命名，修改数据类型、注释、表中的位置）：

```
ALTER TABLE tast CHANGE COLUMN id uid INT COMMENT 'the unique id' AFTER name;
```

④增加列：

```
ALTER TABLE test ADD COLUMNS(new_col INT,new_col2 STRING);
```

⑤删除或者替换列（删除 test 表中所有列并重新定义字段，修改的是元数据）：

```
ALTER TABLE test REPLACE COLUMNS(new_col INT,new_col2 STRING);
```

6. 装载数据

语法结构：

```
LOAD DATA [LOCAL] INPATH 'filepath' [OVERWRITE] INTO TABLE tablename [PARTITION
(partcol1 = val1,partcol2 = val2 ...)]
LOAD DATA:LOAD DATA INPATH '/user/test' INTO TABLE test;
```

如果需要覆盖 test 表已有的记录，加上 OVERWRITE 关键字：

```
LOAD DATA INPATH '/user/test' OVERWRITE INTO TABLE test;
```

如果 test 表示一个分区表，则必须制定分区：

```
LOAD DATA INPATH '/user/test' OVERWRITE INTO TABLE test PARTITION(part = "a");
```

Hive 也支持从本地直接加载数据到表中，需要加上 LOCAL 关键字：

```
LOAD DATA LOCAL INPATH '/home/test' INTO TABLE test;
```

7. 通过查询语句向表中插入数据

```
INSERT OVERWRITE TABLE test SELECT* FROM source;
```

当 test 是分区表时：

```
INSERT OVERWRITE TABLE test PARTITION(part = "a")SELECT id,name FROM source;
```

一次查询,产生多个不相交的输出:

```
FROM source
INSERT OVERWRITE TABLE test PARTITION(part = "a")
SELECT id,name WHERE id >= 0 AND id < 100
INSERT OVERWRITE TABLE test PARTITION(part = "b")
SELECT id,name WHERE id >= 100 AND id < 200
INSERT OVERWRITE TABLE test PARTITION(part = "c")
SELECT id,name WHERE id >= 200 AND id < 300
```

8. 动态分区表向表中插入数据

基于查询参数自动推断出需要创建的分区,根据 SELECT 语句的最后一个查询字段作为动态分区的依据,而不是根据字段名来选择。如果制定了 n 个动态分区的字段,会将 SELECT 语句中最后 n 个字段作为动态分区的依据。例如:

```
INSERT OVERWRITE TABLE test PARTITION(time)SELECT id,modify_time FROM source;
```

9. CTAS 加载数据

```
CREATE TABLE test AS SELECT id,name FROM source
```

10. 数据导出

```
INSERT OVERWRITE DIRECTORY '/user/test' SELECT* FROM test
INSERT OVERWRITE LOCAL DIRECTORY '/home/test' SELECT* FROM test
```

同步训练

【实训题目】

①完成 CentOS 操作系统下 Hive 的基本类型。

②完成 Hive 的文本格式。

【实训目的】

①掌握 Hive 的基本类型。

②掌握集成数据类型的操作。

【实训内容】

①完成 Hive 的基本数据类型的操作。

②完成 Hive 文件格式的操作。

任务 4.6　Hive 权限管理

任务描述

①了解 Hive 开启权限的实现原理。

②通过权限操作对 Hive 进行操作。

微课

任务 4.6
Hive 权限管理

知识学习

1. 开启权限

（1）开启权限验证

Hive 版本为 2.1.1，ranger 版本为 1.0.1。开启权限验证后，使用自定义参数 set xxx 时会报错。

```
org. apache. hive. service. cli. HiveSQLException:Error while processing statement:
Cannot modify .. * *  at runtime. It is not in list of params that are allowed to be
modified at runtime
```

解决办法：在 hiveserver2. xml 中加入以下参数，通配以"|"隔开。

```
< property >
< name > hive. security. authorization. sqlstd. confwhitelist. append </name >
< value > mapred. * |hive. * |mapreduce. * |spark. * </value >
</property >
< property >
< name > hive. security. authorization. sqlstd. confwhitelist </name >
< value > mapred. * |hive. * |mapreduce. * |spark. * </value >
</property >
```

自定义控制类：

```
package com. kent. test;
import org. apache. hadoop. hive. ql. parse. ASTNode;
import org. apache. hadoop. hive. ql. parse. AbstractSemanticAnalyzerHook;
import org. apache. hadoop. hive. ql. parse. HiveParser;
import org. apache. hadoop. hive. ql. parse. HiveSemanticAnalyzerHookContext;
import org. apache. hadoop. hive. ql. parse. SemanticException;
import org. apache. hadoop. hive. ql. session. SessionState;
public class  AuthorityHook extends AbstractSemanticAnalyzerHook {
private static String[] admin = {"admin","root"};
@ Override
public
ASTNodepreAnalyze ( HiveSemanticAnalyzerHookContextcontext, ASTNodeast ) throws
SemanticException {
switch(ast. getToken (). getType ()){
case HiveParser. TOK_CREATEDATABASE:
case HiveParser. TOK_DROPDATABASE:
case HiveParser. TOK_CREATEROLE:
case HiveParser. TOK_DROPROLE:
case HiveParser. TOK_GRANT:
case HiveParser. TOK_REVOKE:
case HiveParser. TOK_GRANT_ROLE:
case HiveParser. TOK_REVOKE_ROLE:
    String userName = null;
    if(SessionState. get ()! = null&&SessionState. get (). getAuthenticator ()! = null){
userName = SessionState. get (). getAuthenticator (). getUserName ();
    }
    if (! admin [ 0 ] . equalsIgnoreCase (userName) &&  ! admin [ 1 ] . equalsIgnoreCase
(userName)){
```

```
                throw new SemanticException(userName + " can't use ADMIN options,except " +
admin[0] + "," + admin[1] + ". ");
        }
        break;
    default:
        break;
    }
        return ast;
        }
    public static void main(String[] args)throws SemanticException {
    String[] admin = {"admin","root"};
        String = "root";
    for(String tmp:admin){
    System. out. println(tmp);
            if(!tmp. equalsIgnoreCase(userName)){
                throw new SemanticException(userName + " can't use ADMIN options,except
" + admin[0] + "," + admin[1] + ". ");
            }
        }
    }
    }
```

（2）角色极限控制

①创建和删除角色：

```
create role role_name;
drop role role_name;
```

②展示所有 roles：

```
show roles;
```

③赋予角色权限：

```
grant select on database db_name to role role_name;
grant select on [table] name to role role name;
```

④查看角色权限：

```
show grant role role_name on database db_name;
show grant role role_name on [table] t_name;
```

⑤角色赋予用户：

```
grant role role_name to user user_name;
```

⑥回收角色权限：

```
revoke select on database db_name from role role_name;
revoke select on [table] t_name from role role_name;
```

⑦查看某个用户所有角色：

```
show role grant user user_name;
```

（3）用户角色控制

①权限控制表，如表4-6-1所示。

表4-6-1　Hive支持的权限控制

操作（OPERA）	解　释
ALL	所有权限
ALTER	允许修改元数据（modify metadata data of object）——表信息数据
UPDATE	允许修改物理数据（modify physical data of object）——实际数据
CREATE	允许进行 Create 操作
DROP	允许进行 DROP 操作
INDEX	允许建索引（目前还没有实现）
LOCK	当出现并发的使用允许用户进行 LOCK 和 UNLOCK 操作
SELECT	允许用户进行 SELECT 操作
SHOW_DATABASE	允许用户查看可用的数据库

②语法。

赋予用户权限：

```
grant opera on database db_name to user user_name;
grant opera on [table] t_name to user user_name;
```

回收用户权限：

```
revoke opera on database db_name from user user_name;
```

看用户权限：

```
show grant user user_name on database db_name;
show grant user user_name on [table] t_name;
```

2. 权限操作

（1）配置

要实现权限的相关操作，需要在 hive-site. xml 修改配置：

```
<property>
<name>hive. security. authorization. enabled</name>
<value>true</value>
<description>enable or disable the hive client authorization</description>
</property>
<property>
<name>hive. security. authorization. createtable. owner. grants</name>
<value>ALL</value>
<!--value>admin1,edward:select;user1:create</value-->
<description>the privileges automatically granted to the owner whenever a table
gets created. An example like "select,drop" will grant select and drop privilege to the
owner of the table</description>
</property>
```

也可以在 Hive 命令行中开启权限：

```
hive > set hive. security. authorization. enabled = true;
hive > CREATE TABLE auth_test(key int,value string);
Authorization failed:No privilege 'Create' found for outputs {database:default}.
Use show grant to get more details.
```

（2）权限的细分

权限控制主要分为以下 8 个，详细如表 4-6-2 所示。

表 4-6-2　权限控制细分

操作（OPERA）	权　　限
ALTER	更改表结构,创建分区
CREAT	创建表
DROP	删除表或分区
INDEX	创建和删除索引
LOCK	锁定表,保证并发
SELECT	查询表权限
SHOW_DATABASE	查看数据库权限
UPDATE	为表加载本地数据的权限

注意：Hive 支持不同层次的权限控制，从全局→数据库→数据表→列（→分区）。有些权限，比如 drop 等在列上不起作用。

语法：

```
GRANT
priv_type [ (column_list)]
    [,priv_type [ (column_list)]] ...
    [ON object_type]
    TO principal_specification [,principal_specification] ...
    [WITH GRANT OPTION]

REVOKE
priv_type [ (column_list)]
    [,priv_type [ (column_list)]] ...
    [ON object_typepriv_level]
    FROM principal_specification [,principal_specification] ...

REVOKE ALL PRIVILEGES,GRANT OPTION
    FROM USER [ ,USER] ...
object_type:
    TABLE
  | DATABASE
priv_level:
db_name
| tbl_name
```

（3）操作举例

查看权限：

```
SHOW GRANT USER hadoop ON DATABASE default;
```

查看用户 hadoop 在数据库 default 的权限；

```
SHOW GRANT ON USER hadoop;
```

查看用户 hadoop 的所有权限；

```
SHOW GRANT;
```

赋予权限：

```
grant create to user root;//赋予 root 所有 database 和 table 的 create 权限
grant all to user root;   //赋予 root 所有 database 和 table 的所有权限
grant select on database default to user root;//赋予 root 用户 default 数据库的 select
权限
grant drop on table default. test to user root;//赋予 root 用户删除 default 的 test 表权
限
grant select(id),select(name)on default. test to user root;//赋予 root 用户查看 test
的 id 和 name 列
```

删除权限：

```
revoke create from user root;
revoke all from user root;
revoke select on database default from user root;
revoke drop on table default. test from user root;
revoke select(id),select(name)on default. test from user root;
```

（4）用户、组、角色

当 Hive 里面用于 N 多用户和 N 多张表的时候，管理员给每个用户授权每张表会崩溃的。所以，这个时候就可以进行组（GROUP）授权。

```
hive > CREATE TABLE auth_test_group(a int,b int);
hive > SELECT* FROM auth_test_group;
Authorization failed:No privilege 'Select' found for inputs
{database:default,table:auth_test_group,columnName:a}.
Use show grant to get more details.
hive > GRANT SELECT on table auth_test_group to group hadoop;
hive > SELECT* FROM auth_test_group;
OK
Time taken:0. 119 seconds
```

当给用户组授权变得不够灵活的时候，角色（ROLES）就派上用途了。用户可以被放在某个角色之中，然后角色可以被授权。角色不同于用户组，是由 Hadoop 控制的，同时也是由 Hive 内部进行管理的。

```
hive > CREATE TABLE auth_test_role(a int ,b int); hive > SELECT* FROM auth_test_role;
Authorization failed:No privilege 'Select ' found for inputs {database:default,
table:auth_test_role,columnName:a}.
```

```
Use show grant to get more details. hive > CREATE ROLE users_who_can_select_auth_test
_role;
    hive > GRANT ROLE users_who_can_select_auth_test_role TO USER hadoop;
    hive > GRANT SELECT ON TABLE auth_test_role  TO ROLE users_who_can_select_auth_test
_role;
    hive > SELECT* FROM auth_test_role;
    OK
    Time taken:0.103 seconds
```

（5）分区表的授权

默认情况下,分区表的授权将会跟随表的授权,也可以给每一个分区建立一个授权机制,只需要设置表的属性 PARTITION_LEVEL_PRIVILEGE 为 TRUE:

```
    hive > CREATE TABLE authorize_part(key INT,value STRING) >
     PARTITIONED BY(ds STRING);
    hive > ALTER TABLE authorization _ part SET TBLPROPERTIES ( " PARTITION _ LEVEL _
PRIVILEGE" = "TRUE");
    Authorization failed:No privilege 'Alter' found for inputs {database:default,
table:authorization_part}.
    Use show grant to get more details.
    hive > GRANT ALTER ON table authorization_part to user edward; hive > ALTER TABLE
authorization_part SET TBLPROPERTIES("PARTITION_LEVEL_PRIVILEGE" = "TRUE");
    hive > GRANT SELECT ON TABLE authorization_part TO USER edward;
    hive > ALTER TABLE authorization_part ADD PARTITION(ds = '3');
    hive > ALTER TABLE authorization_part ADD PARTITION(ds = '4');
    hive > SELECT* FROM authorization_part WHERE ds = '3';
    hive > REVOKE SELECT ON TABLE authorization _ part partition (ds = '3 ') FROM USER
edward;
    hive > SELECT* FROM authorization_part WHERE ds = '3';
    Authorization failed:No privilege 'Select' found for inputs
    {database:default,table:authorization_part,partitionName:ds=3,columnName:key}.
    Use show grant to get more details.
    hive > SELECT* FROM authorization_part WHERE ds = '4'; OK
    Time taken:0.146 seconds
```

（6）Metastore

在 hive metastore database 里存放跟权限有关的是以下几张表,这些表对应相应层次存储,如表4-6-3 所示。

表 4-6-3　hive metastore database 里存放的表

表　名	用　途
GLOBAL_PRIVS	存放全局的权限,比如 grant select to user userA 等所有数据库
DB_PRIVS	存放数据库级的权限
TBL_PRIVS	存放表级的权限
TBL_COL_PRIVS	存放表列级的权限
PART_PRIVS	存放表分区的权限
PART_COL_PRIVS	存放表分区的列的权限

（7）Role

创建和删除角色：

```
CREATE ROLE ROLE_NAME;
```

删除角色：

```
DROP ROLE ROLE_NAME
```

把 role_test1 角色授权给 jayliu 用户，命令如下：

```
grant role role_test1 to user jayliu;
```

查看 jayliu 用户被授权的角色，命令如下：

```
 SHOW ROLE GRANT user jayliu;
```

取消 jayliu 用户的 role_test1 角色，操作命令如下：

```
revoke role role_test1 from user jayliu;
```

把某个库的所有权限给一个角色，角色给用户：

```
grant all on database user_lisi to role role_lisi;
grant role role_lisi to user lisi;
```

把某个库的权限直接给用户：

```
grant ALL ON DATABASE USER_LISI TO USER lisi;
```

收回 revoke ALLondatabase default from user lisi。

查看用户对数据看的权限：

```
show grant user lisi on database user_lisi;
```

①管理员可以将指定用户加入角色 admin。

②数据库 dataset 的所有者为角色 admin，只有具有角色 admin 的用户才可以在此库中完成建表、修改表、删除表等操作。

③普通用户无法查看或使用没有权限的数据库、没有权限的表（需要扩展现有的权限机制）。

④管理员可将数据库 dataset 中的表（视图）查询权限赋予某个角色或某个用户。

⑤普通用户是自己用户主（从）库的所有者，即拥有库内所有表（视图）的所有权限。

⑥普通用户可以将自己拥有的权限赋给其他角色或用户。

创建角色：

```
CREATE ROLE ROLE_NAME;
```

删除角色：

```
DROP ROLE ROLE_NAME;
```

角色的授权和撤销：

```
GRANT ROLE role_name[,role_name] ... TO principal_specification [,
 principal_specification] ...
REVOKE ROLE role_name[,role_name] ... FROM principal_specification [,principal_
specification]...
principal_specification:
USER user |GROUP group | ROLE role
```

把 role_test1 角色授权给 jayliu 用户,命令如下:

```
grant role role_test1 to user jayliu;
```

查看 jayliu 用户被授权的角色,命令如下:

```
SHOW ROLE GRANT user jayliu;
```

取消 jayliu 用户的 role_test1 角色,操作命令如下:

```
revoke role role_test1 from user jayliu;
```

有三个用户分别属于 group_db1、group_db2、group_bothdb。group_db1、group_db2、group_bothdb 分别表示该组用户可以访问数据库 1、数据库 2 和可以访问 1、2 两个数据库。现在可以创建 role_db1 和 role_db2,分别并授予访问数据库 1 和数据库 2 的权限。这样只要将 role_db1 赋给 group_db1(或者该组的所有用户),将 role_db2 赋给 group_db2,就可以实现指定用户访问指定数据库。最后创建 role_bothdb 指向 role_db1、role_db2(role_bothdb 不需要指定访问那个数据库),然后 role_bothdb 授予 group_bothdb,则 group_bothdb 中的用户可以访问两个数据库。

用户和组使用的是 Linux 机器上的用户和组,而角色必须自己创建。

(8)权限 Meta Data

①Hive 元数据表如表 4-6-4 所示。

表 4-6-4　Hive 元数据表

名　　称	解　　释
DBS	存储 Hive 中所有数据库的基本信息
TBLS	存储 Hive 表、视图、索引表的基本信息
SDS	保存文件存储的基本信息,如 INPUT_FORMAT、OUTPUT_FORMAT、是否压缩等
PARTITIONS	存储表分区的基本信息
hive. DB_PRIVS	User/Role 在 DB 上的权限
hive. TBL_PRIVS	User/Role 在 table 上的权限
hive. TBL_COL_PRIVS	User/Role 在 table column 上的权限
hive. ROLES	所有创建的 Role
hive. ROLE_MAP	User 与 Role 的对应关系

②创建角色:

```
create role role_name;
```

③给角色授权:

```
grant select on table table_name  to role role_name;
```

④Hive CLI 下查看当前用户:

```
set system:user.name;
```

⑤为用户开权限:

```
sudouseradd-s/sbin/nologinuser_name
grant role role_name to user user_name
```

⑥从 Role 中移除用户：

```
revoke role bi_role from user user_name
```

⑦使用 show grant 命令确认拥有的权限：

```
show grant user/group/role ... on table/database
```

⑧取消角色权限：

```
revoke all on database dbname from role role_name;
```

任务实施

本任务主要介绍了 Hive 三种授权模式，使学生更好地区分了各个模式下的区别。

1. Storage Based Authorization in the Metastore Server(SBA)

在/conf/下找到 hive-site. xml 文件并进行以下配置：

```
< property >
< name >hive. metastore. pre. event. listeners </name >
< value >
org. apache. hadoop. hive. ql. security. authorization.
AuthorizationPreEventListener
</value >
< description >turns on metastore-side security </description >
</property >


< property >
< name >hive. security. metastore. authorization. manager </name >
< value >
org. apache. hadoop. hive. ql. security. authorization. StorageBasedAuthor-
izationProvider </value >
< description > This tells Hive which metastore-side authorization provider to
use. The default setting uses DefaultHiveMetastoreAuthorizationProvider, which
implements the standard Hive grant/revoke model. To use an HDFS permission-based model
(recommended) to do your authorization, use StorageBasedAuthorizationProvider as
instructed above. </description >
</property >


< property >
< name >hive. security. metastore. authenticator. manager </name >
< value > org. apache. hadoop. hive. ql. security. HadoopDefaultMetastoreAuthenticator
</value >
< description >authenticator manager class name to be used in the metastore for
authentication.
The user defined authenticator should implement interface
org. apache. hadoop. hive. ql. security. HiveAuthenticationProvider.
</description >
</property >


< property >
```

```
< name > hive. security. metastore. authorization. auth. reads < /name >
< value > true < /value >
< description > default = true,When this is set to true,Hive metastore authorization
also checks for read access. < /description >
    < /property >
```

2. SQL Standards Based Authorization in HiveServer2(SSBA)

该模式有以下几种限制：

①当授权 enbled,命令 dfs,add,delete,compile 和 reset disabled。

②transform clause 被禁用。

③改变 Hive 配置的指令集合被限制为仅某些用户可以执行,可以通过 hive. security. authorization. sqlstd. confwhitelist(hive-site. xml)进行配置。

④添加或删除函数、宏的权限被限制为仅具有 admin 角色的用户可以执行。

⑤为了用户可以使用(自定义)函数,创建永久函数(create permanent functions)的功能被添加。拥有角色 admin 的用户可以执行该指令添加函数,所有添加的函数可以被所有的用户使用。

在/conf/下找到 hive-site. xml 文件并进行以下配置：

```
< property >
< name > hive. security. authorization. enabled < /name >
< value > true < /value >
< /property >

< property >
    < name > hive. server2. enable. doAs < /name >
    < value > false < /value >
< /property >

< property >
    < name > hive. users. in. admin. role < /name >
    < value > hive < /value >
< /property >

< property >
< name > hive. security. authorization. manager < /name >
< value > org. apache. hadoop. hive. ql. security. authorization. plugin. sqlstd.
SQLStdHiveAuthorizerFactory < /value >
    < /property >

< property >
< name > hive. security. authenticator. manager < /name >
< value > org. apache. hadoop. hive. ql. security. SessionStateUserAuthenticator < /value >
    < /property >
```

3. Hive Default Authorization(Hive 默认权限)

在/conf/下找到 hive-site. xml 文件并进行以下配置：

```
< property >
    < name > hive. security. authorization. enabled < /name >
```

```
    <value>true</value>
    <description>Enable or disable the hive client authorization</description>
</property>

<property>
  <name>hive. security. authorization. createtable. owner. grants</name>
  <value>ALL</value>
  <description>The privileges automatically granted to the owner whenever
  a table gets created. An example like "select,drop" will grant select
  and drop privilege to the owner of the table</description>
</property>

<!-- 可选,未测 -->
<property>
  <name>hive. security. authorization. createtable. user. grants</name>
  <value>ALL</value>
</property>

<!-- 可选,未测 -->
<property>
  <name>hive. security. authorization. createtable. group. grants</name>
  <value>ALL</value>
</property>

<!-- 可选,未测 -->
<property>
  <name>hive. security. authorization. createtable. role. grants</name>
  <value>ALL</value>
</property>

<property>
<name>hive. security. authorization. manager</name>
<value>org.apache.hadoop.hive.ql.security.authorization.DefaultHiveMetastore-
AuthorizationProvider</value>
  <description>The hive client authorization manager class name. </description>
</property>

<property>
<name>hive. security. authenticator. manager</name>
<value>org. apache. hadoop. hive. ql. security. HadoopDefaultAuthenticator</value>
</property>
```

同步训练

【实训题目】

完成控制 Hive 的权限,赋予用户数据库下表权限。

【实训目的】

①掌握 Hive 权限操作。

②掌握 Hive 的授权语法。

【实训内容】

①修改 hive-site. xml 配置文件。

②在 Hive 中进行权限操作。

③自定义控制类(继承 AbstractSemanticAnalyzerHook)。

任务 4.7 Hive 常用优化方法

微课

任务 4.7　Hive
常用优化方法

任务描述

①了解并控制 Reducer 数量。

②使用 Map join。

③使用 distinct + union all 代替 union。

④解决数据倾斜的通用方法。

知识学习

1. 控制 Reducer 数量

默认 Reducer Task 任务个数,hive-default. xml. template 中设置为如下代码所示:

```
< property >
< name > hive. exec. reducers. max < /name >
< value >1009 < /value >
< description >
max number of reducers will be used. If the one specified in the configuration
parameter mapred. reduce. tasks is
negative,Hive will use this one as the max number of reducers when automatically
determine number of reducers.
< /description >
< /property >
```

Hive 中查看当前设置的 Reducer 任务个数:

```
hive > set mapred. reduce. tasks
mapred. reduce. tasks = -1
```

数值为 - 1 时,Hive 会自动推测决定 Reduce Task 数量,而最大数值在上面配置文件中已经配置好了,值为 1009。如果 Reduce Task 个数超过这个数值时,就会排队等待。

设置 Hive 中 Reducer 的个数,代码如下所示:

```
hive(default) > set mapred. reduce. tasks;
mapred. reduce. tasks = 3
```

每个 Reduce 任务处理的数据量也是有限定的,在 hive-default. xml. template 中设置为:

```
< property >
< name > hive. exec. reducers. bytes. per. reducer < /name >
< value >256000000 < /value >
< description >size per reducer. The default is 256Mb, i. e if the input size is 1G, it
will use 4 reducers. < /description >
< /property >
```

默认是 256 MB,如果给 Reducer 输入的数据量是 1 GB,那么按照默认规则就会分拆成 4 个 Reducer。

Reducer 最大任务个数为修改 hive. exec. reducer. max 配置——以个数向上取整(Reduce 输入文件大小/Reducer 默认处理大小)。

下面的内容是用户每次在 Hive 命令行执行 SQL 时都会打印出来的内容:

```
In order to change the average load for a reducer(in bytes):
set hive. exec. reducers. bytes. per. reducer = < number >
In order to limit the maximum number of reducers:
set hive. exec. reducers. max = < number >
In order to set a constant number of reducers:
set mapreduce. job. reduces = < number >
```

很多人都会有个疑问,上面的内容是干什么用的。以下做出详细解答。

set hive. exec. reducers. bytes. per. reducer = < number >,这个一条 Hive 命令,用于设置在执行 SQL 的过程中每个 Reducer 处理的最大字节数量,可以在配置文件中设置,也可以在命令行中直接设置。如果处理的数据量大于 number,就会多生成一个 Reducer。例如,number = 1024 KB,处理的数据是 1 MB,就会生成 10 个 Reducer。来验证下上面的说法是否正确:

①执行 set hive. exec. reducers. bytes. per. reducer = 200000;命令,设置每个 Reducer 处理的最大字节是 200000。

②执行 SQL,示例代码如下:

```
select user_id,count(1)as cnt
from orders group by user_id limit 20;
```

执行上面的 SQL 时会在控制台打印出信息:

```
Number of reduce tasks not specified. Estimated from input data size:159
   In order to change the average load for a reducer ( in bytes ):   set
hive. exec. reducers. bytes. per. reducer = < number >In order to limit the maximum number of
reducers:   set hive. exec. reducers. max = < number >In order to set a constant number of
reducers:   set mapreduce. job. reduces = < number >Starting Job = job_1538917788450_0020,
Tracking URL = http://hadoop-master:8088/proxy/application_1538917788450_0020/Kill
Command = /usr/local/src/hadoop-2. 6. 1/bin/hadoop job  -kill job_1538917788450_0020
   Hadoop job information for Stage-1:number of mappers:1; number of reducers:159
```

控制台打印的信息中第一句话:Number of reduce tasks not specified. Estimated from input data size:159。意思是没有指定 Reducer 任务数量,根据输入的数据量估计会有 159 个 Reducer 任务。

最后一句话:number of mappers:1; number of reducers:159。确定该 SQL 最终生成 159 个 Reducer。因此如果知道数据的大小,只要通过 set hive. exec. reducers. bytes. per. reducer 命令设置每个 Reducer 处理数据的大小就可以控制 Reducer 的数量。

2. 使用 Map Join

如果用户有一张表非常非常小,而另一张关联的表非常非常大的时候,可以使用 mapjoin 命令,以此 Join 操作在 Map 阶段完成,不再需要 Reduce,也就不需要经过 Shuffle 过程,从而能在一定程度上节省资源,提高 Join 效率。此前提条件是需要的数据在 Map 的过程中可以访问到。比如查询：

```
INSERT OVERWRITE TABLE pv_users
SELECT   /* +MAPJOIN(pv)*/pv.pageid,u.age
FROM page_viewpv
JOIN user u ON(pv.userid=u.userid);
```

可以在 Map 阶段完成 Join，如图 4-7-1 所示。

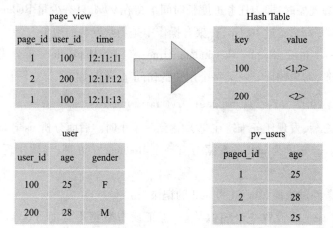

图 4-7-1　Hive Map 阶段的 Join

相关的参数为：

```
hive.join.emit.interval=1000
hive.mapjoin.size.key=10000
hive.mapjoin.cache.numrows=10000
```

注意：Hive 版本 0.11 之后，Hive 默认启动该优化，也就是不再需要显示的使用 MapJoin 标记，其会在必要的时候触发该优化操作将普通 Join 转换成 MapJoin。

两个属性来设置该优化的触发时机：

```
hive.auto.convert.join
```

默认值为 true，自动开户 MapJoin 优化：

```
hive.mapjoin.smalltable.filesize
```

默认值为 2500000（25 MB），通过配置该属性来确定使用该优化的表的大小，如果表的大小小于此值就会被加载进内存中。

3. 使用 distinct + union all 代替 union

如果遇到要使用 union 去重的场景，使用 distinct + union all 比使用 union 的效果好。

distinct + union all 的用法：

```
select count(distinct * )
from(select order_id,user_id,order_type from orders where order_type = '0' union
allselectorder_id,user_id,order_type from orders where order_type = '1' union all
select order_id,user_id,order_type from orders where order_type = '1')a;
```

union 的用法：

```
select count(* )
from(select order_id, user_id, order_type from orders where order_type = '0'
unionselectorder_id, user_id, order_type from orders where order_type = '0'
unionselectorder_id,user_id,order_type from orders where order_type = '1')t;
```

4. 解决数据倾斜的通用方法

发生数据倾斜的现象时，即为任务进度长时间维持在 99%，只有少量 Reducer 任务完成，未完成任务数据读写量非常大，超过 10 GB，在聚合操作中是经常发生的现象。

通用解决方法：set hive. groupby. skewindata = true；将一个 MapReduce 拆分成两个 MapReduce。

有这样一个场景，需用统计某一天每个用户的访问量，SQL 如下：

```
select t. user_id,count(* )from user_log t group by t. user_id
```

执行这条语句之后，发现任务维持在 99% 达到一个小时。后面分析 user_log 表，发现 user_id 有很多数据为 null。user_id 为 null 的数据会有一个 Reducer 来处理，导致出现数据倾斜的现象。解决方法有两种：

①通过 where 条件过滤掉 user_id 为 null 的记录。

②将为 null 的 user_id 设置一个随机数值，保证所有数据平均的分配到所有的 Reducer 中处理。

任务实施

本任务主要介绍了 Hive 的常用优化方法，为学生在日常优化中打下了很好的基础。

①使用分区裁剪、列裁剪，例如：

```
SELECT a. id FROM lxw1234_a a left outer joint_lxw1234_partitioned b
ON(a. id = b. url); WHEREb. day ='2015-05-10'
```

正确写法：

```
SELECT a. id FROM lxw1234_a a left outer joint_lxw1234_partitioned b
ON(a. id = b. urlAND b. day ='2015-05-10');
```

写成子查询：

```
SELECT a. id FROM lxw1234_a a
left outer join(SELECT url FROM t_lxw1234_partitioned WHERE day ='2015-05-10')b ON
(a. id = b. url);
```

②使用 COUNTDISTINCT。

使用先 GROUP BY 再 COUNT 的方式替换：

```
SELECT day,COUNT(DISTINCT id)AS uv FROM lxw1234 GROUP BY day
```

可以转换成：

```
SELECT day,COUNT (id)AS uv FROM (SELECTday,id FROM lxw1234GROUP BY day,id)a GROUP
BY day;
```

虽然会多用一个 Job 来完成，但在数据量大的情况下，这个绝对是值得的。

同步训练

【实训题目】

熟练掌握 Map Join 操作,掌握如何控制 Reducer 数量。

【实训目的】

①了解 Map 阶段和 Reduce 阶段的优化。

②使用 distinct + union all 代替 union。

■ 单元小结

Hive 性能优化时,把 Hive SQL 当作 MapReduce 程序来读,学生会发现有意想不到的惊喜。理解 Hadoop 的核心能力,是 Hive 优化的根本。

(1) Hadoop 处理数据过程的特征

①不怕数据多,就怕数据倾斜。

②Jobs 数比较多的作业运行效率相对比较低,比如即使有几百行的表,如果多次关联多次汇总,产生十几个 Jobs,没半小时是跑不完的。MapReduce 作业初始化的时间是比较长的。

③对 sum、count 来说,不存在数据倾斜问题。

④对 count(distinct)来说,效率较低,数据量一多,准出问题,如果是多 count(distinct)效率更低。

(2) 优化方法

①解决数据倾斜问题。

②减少 Job 数。

③设置合理的 MapReduce 的 Task 数,能有效提升性能。

④自己动手写 SQL 解决数据倾斜问题是个不错的选择。set hive. groupby. skewindata = true;这是通用的算法优化,但算法优化总是漠视业务,习惯性提供通用的解决方法。ETL 开发人员更了解业务,更了解数据,所以通过业务逻辑解决倾斜的方法往往更精确、更有效。

⑤对 count(distinct)采取漠视的方法,尤其数据大的时候很容易产生倾斜问题,不抱侥幸心理。

⑥对小文件进行合并,是行之有效地提高调度效率的方法,假如作业设置合理的文件数,对云梯的整体调度效率也会产生积极的影响。

⑦好的模型设计事半功倍,优化时把握整体,单个作业最优不如整体最优。

(3) 主要由三个属性来决定

①hive. exec. reducers. bytes. per. reducer:这个参数控制一个 Job 会有多少个 Reducer 来处理,依据的是输入文件的总大小。默认 1 GB。

②hive. exec. reducers. max:这个参数控制最大的 Reducer 的数量,如果 input/bytes per reduce > max 则会启动这个参数所指定的 Reduce 个数。这个并不会影响 mapre. reduce. tasks 参数的设置。默认的 max 是 999。

③mapred. reduce. tasks：这个参数如果指定了，Hive 就不会用它的 estimation 函数来自动计算 Reduce 的个数，而是用这个参数来启动 Reducer。默认是 −1。

（4）参数设置的影响

如果 Reduce 太少，但是数据量很大，会导致这个 Reduce 异常慢，从而导致这个任务不能结束；如果 Reduce 太多，产生的小文件太多，合并起来代价太高，NameNode 的内存占用也会增大。如果不指定 mapred. reduce. tasks，Hive 会自动计算需要多少个 Reducer。

单元 5
HiveQL的数据定义

微课

单元 5　HiveQL
数据定义

学习目标

【知识目标】
- 了解 HiveQL 的数据定义。
- 了解 HiveQL 和 SQL 的区别。

【能力目标】
- 学会数据库的操作。
- 能熟练掌握增、删、改的操作。
- 能熟练掌握修改表的属性。

学习情境

在成功搭建了 Hive 后,公司开始决定使用 Hive,让开发部门准备更深入了解 Hive,并令公司研发部门的小张做出一套规范性的手册以供团队人员学习,这份手册上主要包括 HiveQL 的数据定义、HiveQL 和 SQL 的区别、Hive 数据库、数据库的属性以及修改表。

任务 5.1　HiveQL 的数据定义

任务目标

① 了解数据的定义。

② 了解 HiveQL 和 SQL 的区别。

知识学习

1. HiveQL 的数据定义

HiveQL 是 Hive 查询语言,它不完全遵守任何一种 ANSI SQL 标准的修订版,它与 MySQL 最接近,但还有显著的差异。Hive 不支持行级插入、更新和删除的操作,也不支持事务,但在 Hadoop 背景下,Hive 增加了可以提供更高性能的扩展、个性化的扩展,还有一些外部程序。

（1）Hive 中的数据库

Hive 数据库本质上就是表的一个目录或命名空间,如果用户没有显式地指定库,那么将会使用默认的数据库 default。

```
hive > cretae database if not exists financials;
```

当数据库没有存在的话,首先创建一个数据库。

```
hive > show databases;#查看所有数据库
hive > show databases linke 'h. * '#查看以 h 开头其他字结尾的数据库名
```

Hive 会为每个数据库创建一个目录,数据库中的表会以这个目录的子目录的形式存储。数据库所在的目录位于属性 hive. metasotre. warehouse. dir 所指定的顶层目录之后。

```
hive > create database
 > finacials comment '数据库描述信息'
 > location '/my/preferred/directory';      //修改默认存储的位置
 > describe database financials;            //显示数据库的信息
test2 hdfs://192.168.1.12:9000/user/hive/warehouse/test2.db root USER
```

下面会显示数据库所在的文件目录的位置路径,如果用户是伪分布式模式,那么主节点服务器的名称就应该是 localhost。对于本地模式,这个应该是一个本地路径,例如,file://user/hive/warehouse/test2. db。如果这部分省略了, Hive 将会使用 Hadoop 配置文件中的配置项 fs. default. name 作为 master-server 所对应的服务器名和端口号。

```
create database test3 with dbproperties('creator' = 'Mark Moneybags','date' = '2015-
01-10');
describe database extended test3;
hive > use test2;
hive > show tables;
hive > show tables 'empl. * ';
hive > show tables in mydb;
hive > drop database if exists test3;
hive > drop database if exists test3 cascade;
```

注意:Hive 是不允许用户删除一个包含有表的数据库,用户要么先删除数据库中的表,然后再删除数据库;要么在删除命令的最后加上 cascade,这样就可以先删除数据库的表。如果使用 restrict 这个关键字,那么就和默认的情况一样,必须先删除表,再删除数据库,如果删除了库那么对应的目录也会被删除。

(2)修改数据库

```
hive > alter database databaseName set dbproperties('edited-by' = 'Joe Dba');
```

修改数据库描述,数据库其他元数据信息都是不可更改的,包括数据库名和数据库所在的目录位置,没有办法可以删除或"重置"数据库属性。

(3)创建表

Hive 创建表可自定义数据文件存储的位置,使用什么存储格式等。

示例:

```
CREATE TABLE IF NOT EXISTS   test2. employees(
    name STRING COMMENT 'xing ming',
    salary FLOAT COMMENT 'gong zi',
    subordinates ARRAY < STRING >   COMMENT 'xia shu',
```

```
    deductions MAP < STRING, FLOAT >    COMMENT 'kou chu',
    address    STRUCT < street:STRING,city:STRING,state:STRING,zip:INT >    COMMENT '
di zhi'
   )COMMENT 'Desciption of the table'

TBLPROPERTIES('creator' = 'me','create at' = '2014-12-17 21:10:50')
LOCATION '/user/hive/warehouse/mydb. db/employees';
```

默认的情况下,Hive 总是将创建表的目录放置在这个表所属数据库目录之后,但 default 库例外,这个数据库表的目录会直接位于/user/hive/warehouse 目录之后(除了用户明确指定为其他路径)。

```
hive > show tblproperties    tableName;              //其他方面查看
hive > create table if not exists mydb. abc like mydb. aaa; //创建表格
hive > describe extended mydb. abc;                  //查看表是否是管理表或外部表
hive > describe mydb. abc. salary;                   //带描述列信息查看
```

(4)管理表

以上建立的表都是管理表,也叫内部表;当然也有外部表。创建一个外部表来读取位于/data/stocks 目录下的以逗号分隔的数据:

```
create external table if not exista stocks(
exchange string,symbol string,ymd string,    price_open float,
price_high float,price_low float,price_close float,volume int,price_adj_close
float)
row format delimited fields terminated by ','
location '/data/stocks';
```

external 告诉这个表是外部的,location 告诉 Hive 数据位于哪个路径下。

```
create external table if not exists mydb. employees3 like mydb. employees
location '/path/to/data';
```

(5)分区表和管理表

Hive 中有分区表的概念,分区表将数据以一种符合逻辑的方式进行组织,比如分层存储。

```
CREATE TABLE employees(
name STRING,
salary FLOAT,
subordinates ARRAY < STRING >,
deductions MAP < STRING, FLOAT >,
address STRUCT < street:STRING,city:STRING,state:STRING,zip:INT >
)
PARTITIONED BY(country STRING,state STRING);
```

如果表中的数据以及分区个数非常大的话,执行一个包含所有分区的查询可能会触发一个巨大的 MapReduce 任务。建议的安全措施是将 Hive 设置为 strict 模式,这样对分区表查询 WHERE 子句没有加分区过滤的话,将会禁止提交这个任务。可以按照下面的语句将属性设置为 nonstrict 模式。

```
hive > set hive. mapred. mode = strict;
hive > SELECT e. name,e. salary FROM employees e LIMIT 100;
```

```
FAILED:Error in semantic analysis:No partition predicate found for
Alias "e" Table "employees"
hive > set hive. mapred. mode = nonstrict;
hive > SELECT e. name,e. salary FROM employees e LIMIT 100;
```

可以通过使用 SHOW PARTITIONS 命令查看表中存在的所有分区：

```
hive > SHOW PARTITIONS employees;
...
Country = CA/state = AB
country = CA/state = BC
...
country = US/state = AL
country = US/state = AK
```

如果表中存在很多的分区,而只想查看是否存储某个特定分区键的分区的话,可以在这个命令上增加指定了一个或者多个特定分区字段值的 PARTITION 子句进行过滤。

```
hive > SHOW PARTITIONS employees PARTITION (country = 'US');
country = US/state = AL
country = US/state = AK
...
hive > SHOW PARTITIONS employees PARTITION (country = 'US',state = 'AK');
country = US/state = AK
```

使用 DESCRIBE EXTENDED employees 命令也会显示出分区键：

```
hive > DESCRIBE EXTENDED employees;
name string,
salary float,
...
address struct <... >,
country string,
state string
Detailed Table Information...
partitionKeys:[ FieldSchema (name:country,type:string,comment:null),
FieldSchema (name:state,type:string,comment:null)],
```

在管理表中用户可以通过载入数据的方式创建分区。下面的例子把本地目录载入数据到表中的时候,将会创建一个 US 和 CA 分区。用户需要为每个分区字段指定一个值。注意在 HiveQL 中是如何引用 HOME 环境变量的：

```
LOAD DATA LOCAL INPATH ' $ {env:HOME}/california-employees'
INTO TABLE employees
PARTITION (country = 'US',state = 'CA');
```

Hive 将会创建这个分区对应的目录/employees/country = US/state = CA,且 $ HOME/california-employees 目录下的文件将会被复制到上述分区目录下。

2. HiveQL 和 SQL 的区别

①Hive 不支持等值连接,在 SQL 语句中对两表内联可以写成：

```
select* from dual a,dual b where a. key = b. key;
```

HiveQL 中为：

```
select* from dual a join dual b on a. key = b. key;
```

并不是传统的格式：

```
SELECT t1. a1 as c1,t2. b1 as c2FROM t1,t2 WHERE t1. a2 = t2. b2
```

②分号字符。

分号是 SQL 语句结束的标记，在 HiveQL 中也是，但是在 HiveQL 中，对分号的识别没有那么智能，例如：

```
select concat(key,concat(';',key))from dual;
```

但 HiveQL 在解析语句时提示：

```
FAILED:Parse Error:line 0:-1 mismatched input '<EOF>' expecting )in function
 specification
```

解决的办法是将使用分号的八进制 ASCII 码进行转义，那么上述语句应写成：

```
select concat(key,concat('\073',key))from dual;
```

③IS［NOT］NULL。

SQL 中 null 代表空值，值得警惕的是，在 HiveQL 中 String 类型的字段若是空(empty)字符串，即长度为 0，那么对它进行 IS NULL 的判断结果是 False。

④Hive 不支持将数据插入现有的表或分区中，仅支持覆盖重写整个表，示例如下：

```
INSERT OVERWRITE TABLE t1
SELECT* FROM t2;
```

⑤Hive 不支持 INSERT INTO 表 Values( )、UPDATE 和 DELETE 操作，尽量避免使用很复杂的锁机制来读写数据。INSERT INTO 就是在表或分区中追加数据。

⑥Hive 支持嵌入 MapReduce 程序来处理复杂的逻辑：

```
FROM(
MAP doctext USING 'python wc_mapper. py' AS(word,cnt)
FROM docs
CLUSTER BY word
)a
REDUCE word,cnt USING 'python wc_reduce. py';
```

doctext 是输入；word,cnt 是 Map 程序的输出；CLUSTER BY 是将 wordhash 后，又作为 Reduce 程序的输入，并且 Map 程序、Reduce 程序可以单独使用，如：

```
FROM(
FROM session_table
SELECT sessionid,tstamp,data
DISTRIBUTE BY sessionid SORT BY tstamp
)a
REDUCE sessionid,tstamp,data USING 'session_reducer. sh';
```

DISTRIBUTE BY：用于给 Reduce 程序分配行数据。

⑦Hive 支持将转换后的数据直接写入不同的表，还能写入分区、HDFS 和本地目录。这样能

免除多次扫描输入表的开销：

```
FROM t1
INSERT OVERWRITE TABLE t2
SELECT t3. c2,count(1)
FROM t3
WHERE t3. c1 <= 20
GROUP BY t3. c2

INSERT OVERWRITE DIRECTORY '/output_dir'
SELECT t3. c2,avg(t3. c1)
FROM t3
WHERE t3. c1 > 20 AND t3. c1 <= 30
GROUP BY t3. c2

INSERT OVERWRITE LOCAL DIRECTORY '/home/dir'
SELECT t3. c2,sum(t3. c1)
FROM t3
WHERE t3. c1 > 30
GROUP BY t3. c2;
```

任务实施

本任务主要涉及创建一个表格,并加载数据至表格中,然后统计数据的总量并做一些数据分析生成数据周信息,通过此任务可以使学生对 HiveQL 的数据定义有更深入的理解。

①创建一个表:

```
CREATE TABLE u_data(
userid INT,
movieid INT,
rating INT,
unixtime STRING)
ROW FORMAT DELIMITED
FIELDS TERMINATED BY '/t'
STORED AS TEXTFILE;
```

下载示例数据文件,并解压缩:

```
wget http://www. grouplens. org/system/files/ml-data. tar__0. gz
tar-xvzf ml-data. tar__0. gz
```

②加载数据到表中:

```
LOAD DATA LOCAL INPATH 'ml-data/u. data' OVERWRITE INTO TABLE
 u_data;
```

③统计数据总量:

```
Select count(1)from u_data;
```

④做一些复杂的数据分析,创建一个 weekday_mapper. py 文件,将数据按周进行分割:

```
import sys
import datetime
```

```
for line in sys. stdin:
line = line. strip()
userid,movieid,rating,unixtime = line. split('/t')
```

⑤生成数据的周信息：

```
weekday = datetime. datetime. fromtimestamp(float(unixtime)). isoweekday()
print '/t'. join([userid,movieid,rating,str(weekday)])
```

⑥使用映射脚本，首先创建表，按分割符分割行中的字段值：

```
CREATE TABLE u_data_new(
userid INT,
movieid INT,
rating INT,
weekday INT)
ROW FORMAT DELIMITED
FIELDS TERMINATED BY '/t';
```

然后将 Python 文件加载到系统：

```
add FILE weekday_mapper. py;
```

⑦将数据按周进行分割：

```
INSERT OVERWRITE TABLE u_data_new
SELECT
TRANSFORM(userid,movieid,rating,unixtime)
USING 'python weekday_mapper. py'
AS (userid,movieid,rating,weekday)
FROM u_data;
SELECT weekday, COUNT(1)
FROM u_data_new
GROUP BY weekday;
```

⑧处理 Apache Weblog 数据，将 Web 日志先用正则表达式进行组合，再按需要的条件进行组合输入到表中：

```
add jar .. /build/contrib/hive_contrib. jar;

CREATE TABLE apachelog(
host STRING,
identity STRING,
user STRING,
time STRING,
request STRING,
status STRING,
size STRING,
referer STRING,
agent STRING)
ROW FORMAT SERDE 'org. apache. hadoop. hive. contrib. serde2. RegexSerDe'
WITH SERDEPROPERTIES(
"input. regex" = "([^] * )([^] * )([^] * )(-|//[[^//]] * //])([^/"] *  |/"[^/"] * /")(- |[0-9] * )
(- |[0-9] * )(?: ([^/"] *  |/"[^/"] * /")([^/"] *  |/"[^/"] * /"))?",
```

```
"output. format. string" =
"%1$s%2$s%3$s%4$s%5$s%6$s%7$s%8$s%9$s"
)
STORED AS TEXTFILE
```

同步训练

【实训题目】

查询相关知识完成 Hive 数据定义。

【实训目的】

①掌握 HiveQL 的数据定义。

②掌握 HiveQL 和 SQL 的区别。

【实训内容】

①在 Hive 中对数据库进行表的操作。

②分别使用 HiveQL 和 SQL 命令并对比二者的区别。

任务 5.2 Hive 数据库

任务描述

①在 CentOS 系统中修改 Hive 数据库。

②自定义存储方式。

③完成操作后删除表。

知识学习

1. Hive 的数据库

（1）Hive 在 HDFS 上的默认存储路径

Hive 的数据都是存储在 HDFS 上的，默认有一个根目录，在 hive-site. xml 中，参数 hive. metastore. warehouse. dir 指定，默认值为/user/hive/warehouse。

（2）Hive 中的数据库（Database）

进入 Hive 命令行，执行 show databases; 命令，可以列出 Hive 中的所有数据库，默认有一个 default 数据库，进入 Hive-Cli 之后，即到 default 数据库下。

使用 use databasename; 可以切换到某个数据库下，同 MySQL：

```
hive > show databases;
OK
default
lxw1234
usergroup_mdmp
userservice_mdmp
Time taken:0. 442 seconds,Fetched:4 row(s)
hive > use lxw1234;
OK
Time taken:0. 023 seconds
hive >
```

Hive 中的数据库在 HDFS 上的存储路径为：

```
${hive.metastore.warehouse.dir}/databasename.db
```

比如，名为 lxw1234 的数据库存储路径为：

```
/user/hive/warehouse/lxw1234.db
```

创建 Hive 数据库，使用 HDFS 超级用户，进入 Hive-Cli，语法为：

```
CREATE(DATABASE |SCHEMA)[IF NOT EXISTS] database_name
    [COMMENT database_comment]
    [LOCATION hdfs_path]
    [WITH DBPROPERTIES(property_name=property_value,...)];
```

比如，创建名为 lxw1234 的数据库：

```
CREATE DATABASE IF NOT EXISTS lxw1234
```

创建时可以指定数据库在 HDFS 上的存储位置。

```
localtion 'hdfs://namenode/user/lxw1234/lxw1234.db/';
```

注意：使用 HDFS 超级用户创建数据库后，该数据库在 HDFS 上的存储路径的属主为超级用户，如果该数据库是为某个或者某些用户使用的，则需要修改路径属主，或者在 Hive 中进行授权。

2. 修改数据库属性

修改数据库属性：

```
ALTER(DATABASE |SCHEMA)database_name
SET DBPROPERTIES(property_name=property_value,...);
```

修改数据库属性：

```
ALTER(DATABASE |SCHEMA)database_name
SET OWNER [USER |ROLE] user_or_role;
```

删除数据库：

```
DROP(DATABASE |SCHEMA)[IF EXISTS] database_name
[RESTRICT |CASCADE];
```

默认情况下，Hive 不允许删除一个里面有表存在的数据库，如果想删除数据库，要么先将数据库中的表全部删除，要么可以使用 CASCADE 关键字。使用该关键字后，Hive 会自己将数据库下的表全部删除。RESTRICT 关键字就是默认情况，即如果有表存在，则不允许删除数据库。

（1）管理表

查看所有的表：进入 Hive-Cli，使用 use databasename; 切换到数据库之后，执行 show tables; 即可查看该数据库下所有的表：

```
hive > show tables;
OK
lxw1
lxw1234
table1
t_site_log
```

默认情况下,表的存储路径为:

```
${hive.metastore.warehouse.dir}/databasename.db/tablename/
```

可以使用 desc formatted tablename; 命令查看表的详细信息,其中包括了存储路径:

```
Location:hdfs://cdh5/hivedata/warehouse/lxw1234.db/lxw1234
```

(2)外部表

创建一个外部表,代码如下所示:

```
create external table t2(
    id      int
,name    string
,hobby   array<string>
,add     map<String,string>
)
row format delimited
fields terminated by ','
collection items terminated by '-'
map keys terminated by ':'
location '/user/t2';
```

装载数据(t2),代码如下所示:

```
load data local inpath '/home/hadoop/Desktop/data' overwrite into table t2;
```

Hive 中的表分为内部表(MANAGED_TABLE)和外部表(EXTERNAL_TABLE)。内部表和外部表最大的区别如下:

①内部表 DROP 时会删除 HDFS 上的数据。

②外部表 DROP 时不会删除 HDFS 上的数据。

③内部表适用场景:Hive 中间表、结果表。一般不需要从外部(如本地文件、HDFS 上)加载数据的情况。外部表适用场景:源表,需要定期将外部数据映射到表中。

使用场景:

①每天将收集到的网站日志定期流入 HDFS 文本文件,一天一个目录。

②在 Hive 中建立外部表作为源表,通过添加分区的方式,将每天 HDFS 上的原始日志映射到外部表的天分区中。

③在外部表(原始日志表)的基础上做大量的统计分析,用到的中间表、结果表使用内部表存储,数据通过 SELECT + INSERT 进入内部表。

(3)外部分区表

一般情况下,Hive 一个简单的查询会扫描整张表,对一张大表而言,会降低性能,可以使用分区来解决,它也是类似于关系型数据库表的分区。

在 Hive 里分区都是和预定义的列相关的,作为子目录存在于表的目录里。当表查询时,WHERE 子句里的谓词就是分区过滤器,然后只查询相关分区的数据,而不是查询整个表。

首先,创建一个分区表,代码如下所示:

```
Create table if not exists emp_partition(empno int,ename string,job string,mgr
  int,hiredate string,sal double,comm double,depyno int)comment 'create partition
table' partitioned by ( country  string, state  string ) row  format  delimited
fields terminated
  by '\t';
```

然后添加分区：

```
ALTERTABLE emp_partition ADD IF NOT EXISTS PARTITION
(country = 'America',state = 'CA');
ALTERTABLE emp_partition ADD IF NOT EXISTS PARTITION(country = 'Canada',state = 'MH');
```

这时候，HDFS 就会新增这样的 2 个目录：

```
/user/hive/warehouse/hadoop09.db/emp_partition/country = America/state = CA
http://hadoop09-/user/hive/warehouse/hadoop09.db/emp_partition/country = Canada/
state = MH
```

也可以指定 PARTITION 在或不在表这个目录里：

```
ALTERTABLE emp_partition ADD IF NOT EXISTS PARTITION
(country = 'China',state = 'BJ')LOCATION '/locate/partition';
```

查询分区情况，代码如下所示：

```
Show partitions emp_partition;
```

向分区表加载数据：

```
loaddata local inpath '/opt/software/hive/emp.txt' into table emp_partition
partition(country = 'America',state = 'CA');
loaddata local inpath '/opt/software/hive/emp.txt' into table emp_partition
partition(country = 'China',state = 'BJ');
```

检索分区表数据：

在添加分区之后，表里的字段会增加对应的虚拟字段，以供查询使用，比如上面的例子，就会增加 country 和 state 两个字段。

```
SELECT*  FROM emp_partition WHERE country = 'China';
```

（4）自定义存储方式

Facebook 曾在 2010 ICDE（IEEE International Conference on Data Engineering）会议上介绍了数据仓库 Hive。Hive 存储海量数据在 Hadoop 系统中，提供了一套类数据库的数据存储和处理机制。它采用类 SQL 语言对数据进行自动化管理和处理，经过语句解析和转换，最终生成基于 Hadoop 的 MapReduce 任务，通过执行这些任务完成数据处理。图 5-2-1 所示为 Hive 数据仓库的系统结构。

REATE TABLE t1(...)STORED AS TEXTFILE 中最后的 STORED AS 子句指的是 Hive 数据文件的存储格式，这里使用的是 TEXTFILE、SEQUENCEFILE 和 RCFILE，一共三种。

①TEXTFILE 是最普通的文件存储格式，内容可以直接查看。

②SEQUCENFILE 是包含键值对二进制的文件存储格式，支持压缩，可以节省存储空间，是 Hadoop 领域的标准文件格式，但是在 Hadoop 之外却无法使用。

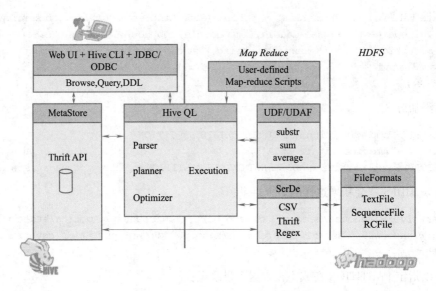

图 5-2-1　Hive 数据仓库的系统结构

③RCFILE 是列式存储文件格式,适合压缩处理。对于有成百上千字段的表而言,RCFile 更加合适。

Hive 的数据存储在 HDFS 中。那么,以上三种文件存储格式,肯定有对应的 InputFormat 和 OutputFormat 来对应。

TEXTFILE 对应的是:

```
org.apache.hadoop.mapred.TextInputFormat
org.apache.hadoop.hive.ql.io.HiveIgnoreKeyTextOutputFormat
```

SEQUENCEFILE 对应的是:

```
org.apache.hadoop.mapred.SequenceFileInputFormat
org.apache.hadoop.hive.ql.io.HiveSequenceFileOutputFormat
```

RCFILE 对应的是:

```
org.apache.hadoop.hive.ql.io.RCFileInputFormat
org.apache.hadoop.hive.ql.io.RCFileOutputFormat
```

这意味着,以上三种格式是对 InputFormat 和 OutputFormat 类的简写方式。比如上面例子中的语句,可以用以下方式改写:

```
CREATE TABLE t1(...)STORED AS INPUTFORMAT
 'org.apache.hadoop.mapred.TextInputFormat'OUTPUTFORMAT 'org.apache.hadoop.hive.
ql.io.HiveIgnoreKeyTextOutputFormat';
```

(5)删除表

Drop Table 语句,语法如下:

```
DROP TABLE [IF EXISTS] table_name;
```

以下代码是查询并删除一个名为 employee 的表:

```
hive > DROP TABLE IF EXISTS employee;
```

对于成功执行查询,能看到以下回应:

```
OK
Time taken:5. 3 seconds
hive >
```

下面 JDBC 程序删除 employee 表:

```
import java. sql. SQLException;
import java. sql. Connection;
import java. sql. ResultSet;
import java. sql. Statement;
import java. sql. DriverManager;
public class HiveDropTable {
private static String driverName = "org. apache. hadoop. hive. jdbc. HiveDriver";
public static void main(String[] args)throws SQLException {

    //Register driver and create driver instance
Class. forName(driverName);
    //get connection
    Connection con = DriverManager. getConnection("jdbc:hive://localhost:10000/
userdb","","");
    //create statement
    Statement stmt = con. createStatement();
    //execute statement
stmt. executeQuery("DROP TABLE IF EXISTS employee;");
System. out. println("Drop table successful. ");
con. close();
    }
}
```

将该程序保存在一个名为 HiveDropTable. java 文件,使用下面的命令来编译和执行这个程序:

```
$ javac HiveDropTable. java
$ java HiveDropTable
```

输出结果为:

```
Drop table successful
```

以下查询被用来验证表的列表:

```
hive > SHOW TABLES;
emp
ok
Time taken:2. 1 seconds
```

任务实施

本任务中主要涉及创建数据库并对数据库进行一系列操作,使学生更加熟练地掌握 Hive 数据库。

①创建一个数据库与 SQL 语言一样:

```
Create database test;
```

创建数据库：

```
Create database if not exists test;
```

数据库存储位置：

```
Create database testa location '/testa'
```

另设置数据库存储位置：

```
Create database testb comment' test for database'
```

增加相关的键值对属性信息：

```
Create database testc with obproperties('creator' = 'JinbaoSite','data' = '2018-05-
07');
```

②查看所有数据库：

```
Show database;
```

用正则表达式来筛选出需要的数据库：

```
Show database like 't. * ';
```

③查看数据库具体信息：

```
Describe database testa;
```

增加 EXTENDED 来查看更加具体的信息：

```
Describe database extended testb;
Describe database extended testc;
```

④设置当前工作数据库：

```
Use test;
```

⑤删除数据库：

```
Drop database testb;
Drop database if exists testc;
```

⑥数据库增加键：

```
Alter database test set dbproperties('edited-by' = 'dongjinbao');
```

同步训练

【实训题目】

在 CentOS 系统上对 Hive 数据仓库进行操作。

【实训目的】

①掌握外部表,外部分区表的基本语句。

②了解 Hive 自定义存储方式。

③掌握修改表的命令。

【实训内容】

①在 Hive 中创建数据库。

②在创建好的数据库下修改数据库的属性。

任务5.3　修改表

任务描述

在任务5.2中详细介绍了如何修改数据库,本任务中将介绍如何修改表:

①在数据库中创建表格,对表进行增加、修改和删除表分区操作。

②增加列,删除或者替换列。

③修改表属性和存储属性。

知识学习

1. 增加、修改和删除表分区

①添加分区:

```
ALTER TABLE table_name ADD PARTITION(partCol = 'value1')location 'loc1';
//示例
ALTER TABLE table_name ADD IF NOT EXISTS PARTITION(dt = '20130101')LOCATION '/user/
hadoop/warehouse/table_name/dt =20130101';//一次添加一个分区
ALTER TABLE page_view ADD PARTITION(dt = '2008-08-08', country = 'us')location '/
path/to/us/part080808' PARTITION(dt = '2008-08-09',country = 'us')location '/path/to/
us/part080809';   //一次添加多个分区
```

②删除分区:

```
ALTER TABLE login DROP IF EXISTS PARTITION(dt = '2008-08-08');
ALTER TABLE page_view DROP IF EXISTS PARTITION(dt = '2008-08-08',country = 'us');
```

③修改分区:

```
ALTER TABLE table_name PARTITION(dt = '2008-08-08')SET LOCATION
 "new location";
ALTER TABLE table_name PARTITION (dt = '2008-08-08') RENAME TO PARTITION (dt = '
20080808');
```

2. 表重命名

表的重命名:

```
ALTER TABLE table_name RENAME TO new_table_name
```

3. 增加列

```
ALTER TABLE table_name ADD COLUMNS(col_name STRING);//在所有存在的列后面,但是在分区
列之前添加一列.
```

4. 删除或者替换列

如果需要删除 column f 列,可以使用以下语句:

```
ALTER TABLE test REPLACE COLUMNS(
creatingTs BIGINT,
a STRING,
```

```
b BIGINT,
c STRING,
d STRING,
e BIGINT
);
```

修改列：

```
CREATE TABLE test_change(a int,b int,c int);
//will change column a's name to a1
ALTER TABLE test_change CHANGE a a1 INT;
//will change column a's name to a1,a's data type to string,and put it after column
b. The new table's structure is:b int,a1 string,c int
ALTER TABLE test_change CHANGE a a1 STRING AFTER b;

//will change column b's name to b1,and put it as the first column. The new table's
structure is:b1 int,a string,c int
ALTER TABLE test_change CHANGE b b1 INT FIRST;
```

5. 修改表属性

```
alter table table_name set TBLPROPERTIES('EXTERNAL'='TRUE');     //内部表转外部表
alter table table_name set TBLPROPERTIES('EXTERNAL'='FALSE');    //外部表转内部表
```

6. 修改存储属性

增加 SerDE 属性：

```
ALTER TABLE table_name SET SERDE serde_class_name
[WHIT SERDEPROPERTIES serde_properties];
ALTER TABLE table_name SET SERDEPROPERTIES serde_properties;
```

上面两个命令都允许用户向 SerDE 对象增加用户定义的元数据。Hive 为了序列化和反序列化数据，将会初始化 SerDE 属性，并将属性传给表的 SerDE。这样用户可以为自定义的 SerDe 存储属性。上面 serde_properties 的结构为：property_name = property_value,property_name = property_value,...

7. 修改表语句

（1）Alter Table 语句

它是在 Hive 中用来修改的表：

```
ALTER TABLE name RENAME TO new_name
ALTER TABLE name ADD COLUMNS(col_spec[,col_spec...])
ALTER TABLE name DROP [COLUMN] column_name
ALTER TABLE name CHANGE column_namenew_namenew_type
ALTER TABLE name REPLACE COLUMNS(col_spec[,col_spec...])
```

（2）Rename To 语句

下面是查询重命名表，把 employee 修改为 emp：

```
hive > ALTER TABLE employee RENAME TO emp;
```

(3)JDBC 程序

在 JDBC 程序中命名表如下：

```
import java.sql.SQLException;
import java.sql.Connection;
import java.sql.ResultSet;
import java.sql.Statement;
import java.sql.DriverManager;
public class HiveAlterRenameTo {
private static String driverName = "org.apache.hadoop.hive.jdbc.HiveDriver";
public static void main(String[] args)throws SQLException {
//Register driver and create driver instance
Class.forName(driverName);
    //get connection
 Connectioncon = DriverManager.getConnection ( " jdbc: hive://localhost: 10000/
userdb","","");
    //create statement
    Statement stmt = con.createStatement();
    //execute statement
stmt.executeQuery("ALTER TABLE employee RENAME TO emp;");
System.out.println("Table Renamed Successfully");
con.close();
    }
  }
```

将该程序保存在一个名为 HiveAlterRenameTo.java 文件。使用下面的命令来编译和执行这个程序：

```
$ javac HiveAlterRenameTo.java
$ java HiveAlterRenameTo
```

输出结果为：

```
Table renamed successfully
```

(4)Change 语句

表 5-3-1 包含 employee 表的字段，它显示的字段要被更改（粗体）。

表 5-3-1   Change 语句

字 段 名	从数据类型转换	更改字段名称	转换为数据类型
eid	int	eid	int
name	String	**ename**	String
salary	**Float**	salary	**Double**
designation	String	designation	String

下列代码查询重命名,使用上述数据的列名和列数据类型：

```
hive > ALTER TABLE employee CHANGE name ename String;
hive > ALTER TABLE employee CHANGE salary salary Double;
```

下面给出的是使用 JDBC 程序来更改列：

```
import java. sql. SQLException;
import java. sql. Connection;
import java. sql. ResultSet;
import java. sql. Statement;
import java. sql. DriverManager;

public class HiveAlterChangeColumn {
    private static String driverName = "org. apache. hadoop. hive. jdbc. HiveDriver";
    public static void main(String[] args)throws SQLException
        //Register driver and create driver instance
Class. forName(driverName);
        //get connection
        Connection con = DriverManager. getConnection("jdbc:hive://localhost:10000/
userdb","","");
        //create statement
        Statement stmt = con. createStatement();
        //execute statement
stmt. executeQuery("ALTER TABLE employee CHANGE name ename String;");
stmt. executeQuery("ALTER TABLE employee CHANGE salary salary Double;");
System. out. println("Change column successful. ");
con. close();
    }
}
```

将该程序保存在一个名为 HiveAlterChangeColumn. java 文件。使用下面的命令来编译和执行这个程序：

```
$ javac HiveAlterChangeColumn. java
$ java HiveAlterChangeColumn
```

输出结果为：

```
Change column successful.
```

(5) REPLACE 语句

以下从 employee 表中查询删除的所有列,并使用 emp 替换列：

```
hive > ALTER TABLE employee REPLACE COLUMNS(
> eid INT empid Int,
> ename STRING name String);
```

下面给出的是 JDBC 程序使用 empid 代替 eid 列, name 代替 ename 列：

```
import java. sql. SQLException;
import java. sql. Connection;
import java. sql. ResultSet;
import java. sql. Statement;
import java. sql. DriverManager;
public class HiveAlterReplaceColumn {
    private static String driverName = "org. apache. hadoop. hive. jdbc. HiveDriver";
    public static void main(String[] args)throws SQLException {
        //Register driver and create driver instance
```

```
Class. forName(driverName);
        //get connection
        Connection con = DriverManager. getConnection ("jdbc:hive://localhost:10000/
userdb","","");
        //create statement
        Statement stmt = con. createStatement();
        //execute statement
stmt. executeQuery("ALTER TABLE employee REPLACE COLUMNS "
        +"(eid INT empid Int,"
        +" ename STRING name String);");
System. out. println(" Replace column successful");
con. close();
    }
}
```

将该程序保存在一个名为 HiveAlterReplaceColumn. java 文件。使用下面的命令来编译和执行这个程序:

```
$ javac HiveAlterReplaceColumn. java
$ java HiveAlterReplaceColumn
```

任务实施

本任务主要介绍了如何修改表,通过任务对表格的结构以及属性进行修改,使同学们可以更加熟练地掌握 Hive 表格的操作。

①Alter table 语句:

```
ALTER TABLE name RENAME TO new_name
ALTER TABLE name ADD COLUMNS (col_spec[ ,col_spec ... ] )
ALTER TABLE name DROP [ COLUMN ] column_name
ALTER TABLE name CHANGE column_name new_name new_type
ALTER TABLE name REPLACE COLUMNS (col_spec[ ,col_spec ... ] )
```

②Rename to 语句:

```
hive > ALTER TABLE employee RENAME TO emp;
```

③change 语句如表 5-3-2 所示。

表 5-3-2 change 语句

字 段 名	从数据类型转换	更改字段名称	转换为数据类型
id	int	eid	int
name	String	ename	String
salary	Float	salary	Double
designation	String	designation	String

查询重命名使用上述数据的列名和列数据类型:

```
hive > ALTER TABLE employee CHANGE name ename String;
hive > ALTER TABLE employee CHANGE salary salary Double;
```

④添加列语句：

```
hive > ALTER TABLE employee ADD COLUMNS(dept STRING COMMENT
  'Department name');
```

⑤Replace 语句：

```
hive > ALTER TABLE employee REPLACE COLUMNS(
  > eid INT empid Int,
  > ename STRING name String);
```

同步训练

【实训题目】

在数据库中创建一张表，在表中更改属性、修改结构。

【实训目的】

①熟练掌握对分区表进行增删改。

②了解修改表格的属性。

③掌握一些修改表语句。

【实训内容】

①在一张表格中增加、修改、删除表的分区。

②在表格中对表进行重命名并更改表结构。

③对表格进行属性的修改。

■ 单元小结

通过本单元对 Hive 基本使用的讲解，使学生了解了 HiveQL 的概念及作用。Hive 数据库有不同的语句来操作表，在学习 Hive 过程中应熟练掌握修改数据库语句、修改表格属性的语句、修改表格的语句、外部表和分区表的创建、自定义的存储方式等，加深对 Hive 的理解，提升实践操作能力。

单元 6
HiveQL语句

■ **学习目标**

【知识目标】

- 了解 SELECT、FROM 基本概念。
- 学习 GROUP BY、WHERE、JOIN 语句的使用方法。
- 了解抽样查询的基本方法。

【能力目标】

- 学会 SELECT、FROM 语句。
- 学会 GROUP BY、WHERE、JOIN 语句的基本操作。
- 学会抽样查询基本使用方法。

■ **学习情境**

公司研发部工程师小张对 Hive 的数据定义做出了一本详细的手册,但是这并不能满足公司的需求,因为需要更复杂的语句来获取数据。为了更快速地使用 Hive,公司研发部最终决定派小张去学习 HiveQL 语句,学习完之后整理出一套规范性的手册以供团队人员学习,手册上主要包括基本的 SELECT、FROM 语句、GROUP BY、WHERE、JOIN 语句、抽样查询。

任务 6.1 SELECT、FROM 语句的概念

任务描述

①掌握正则表达式、算术运算符、函数。
②使用 LIMIT 语句、列的别名、CASE、WHEN、THEN 句式。
③使用嵌套 SELECT 语句。

知识学习

1. 使用正则表达式来指定列

(1) regexp

语法:A REGEXP B。

操作类型:strings。

微课

任务 6.1
SELECT、FROM
语句的概念

163

描述:功能与 RLIKE 相同。

```
1 select count(* )from olap_b_dw_hotelorder_f_where create_date_wid not
regexp ' \\d(8)'
```

与下面查询的效果是等效的:

```
1 select count(* )from olap_b_dw_hotelorder_f_where create_date_wid not rlike
' \\d(8)';
```

(2)regexp_extract

语法:regexp_extract(string subject,string pattern,int index)。

返回值:string。

说明:将字符串 subject 按照 pattern 正则表达式的规则拆分,返回 index 指定的字符,如图 6-1-1 所示。

```
1  hive> select regexp_extract('IloveYou','I(.*?)(You)',2) from test1 limit 1;
2  Total jobs = 1
3  …
4  OK
5  You
6  Time taken: 26.067 seconds, Fetched: 1 row(s)
```

```
1  hive> select regexp_extract('IloveYou','(I)(.*?)(You)',1) from test1 limit 1;
2  Total jobs = 1
3  …
4  OK
5  I
6  Time taken: 26.057 seconds, Fetched: 1 row(s)
```

```
1  hive> select regexp_extract('IloveYou','(I)(.*?)(You)',0) from test1 limit 1;
2  Total jobs = 1
3  …
4  OK
5  IloveYou
6  Time taken: 28.06 seconds, Fetched: 1 row(s)
```

```
1  hive> select regexp_replace("IloveYou","You","") from test1 limit 1;
2  Total jobs = 1
3  …
4  OK
5  Ilove
6  Time taken: 26.063 seconds, Fetched: 1 row(s)
```

图 6-1-1   regexp_extract

(3)regexp_replace

语法:regexp_replace(string A,string B,string C)。

返回值:string。

说明:将字符串 A 中的符合 java 正则表达式 B 的部分替换为 C。

注意:在有些情况下要使用转义字符,类似 Oracle 中的 regexp_replace 函数,如图 6-1-2 所示。

```
1  hive> select regexp_replace("IloveYou","You","") from test1 limit 1;
2  Total jobs = 1
3  …
4  OK
5  Ilove
6  Time taken: 26.063 seconds, Fetched: 1 row(s)
```

```
1  hive> select regexp_replace("IloveYou","You","lili") from test1 limit 1;
2  Total jobs = 1
3  …
4  OK
5  Ilovelili
```

图 6-1-2 regexp_replace

2. 使用列值进行计算

求一个 Hive 语句,指定行之前的某列值之和,占此列和的百分比,如表 6-1-1 所示。

表 6-1-1 表内容

ID	value
1	3
2	1
3	6
4	12
5	2
Sum	24

假如要知道 ID 为 3 的这一行,value 列的和,占所有行 value 列的和的百分比,那么公式是((6 +1 +3)/24) * 100%。

同样,ID 为 4 的公式是((12 +6 +1 +3)/24) * 100%。

```
SELECT(t2. v/t4. s)*  100. 0 FROM(SELECT SUM(t1. value)AS v FROM tb t1
WHERE t1. id <=3)t2 JOIN(SELECT sum(t3. value)as s FROM tb t3)t4 ON 1 =1;
```

3. 算术运算符

(1)加法操作" +"

语法:A + B。

操作类型:所有数值类型。

说明:返回 A 与 B 相加的结果。结果的数值类型等于 A 的类型和 B 的类型的最小父类型。

比如,int + int 一般结果为 int 类型,而 int + double 一般结果为 double 类型。

举例:

```
hive > select 1 + 9 from t_fin_demo;
      10
hive > create table t_fin_demo  as select 1 + 1.2 fromt_fin_demo;
hive > describet_fin_demo;
      _c0      double
```

(2)减法操作"-"

语法:A-B。

操作类型:所有数值类型。

说明:返回A与B相减的结果。结果的数值类型等于A的类型和B的类型的最小父类型(详见数据类型的继承关系)。比如,int-int 一般结果为 int 类型,而 int-double 一般结果为 double 类型。

举例:

```
hive > select 10-5 from t_fin_demo;
      5
hive > create table t_fin_demo as select 5.6-4 from t_fin_demo;
hive > describe t_fin_demo;
      _c0      double
```

(3)乘法操作"*"

语法:A * B。

操作类型:所有数值类型。

说明:返回A与B相乘的结果。结果的数值类型等于A的类型和B的类型的最小父类型。

注意:如果A乘以B的结果超过默认结果类型的数值范围,则需要通过 cast 将结果转换成范围更大的数值类型。

举例:

```
hive > select 40* 5 from t_fin_demo;
      200
```

(4)除法操作"/"

语法:A/B。

操作类型:所有数值类型。

说明:返回A除以B的结果。结果的数值类型为 double。

举例:

```
hive > select 40/5 from t_fin_demo;
      8.0
hive > select ceil(28.0/6.99999999999999999999)from t_fin_demo limit 1;
      4
hive > select ceil(28.0/6.99999999999999)from t_fin_demo  limit 1;
      5
```

注意: Hive 中最高精度的数据类型是 double,只精确到小数点后 16 位,在做除法运算的时候要特别注意。

(5)取余操作"%"

语法:A% B。

操作类型:所有数值类型。

说明:返回 A 除以 B 的余数。结果的数值类型等于 A 的类型和 B 的类型的最小父类型。

举例:

```
hive > select 41 % 5 from t_fin_demo;
        1
hive > select 8.4 % 4 from t_fin_demo;
        0.40000000000000036
hive > select round(8.4 % 4 ,2)from t_fin_demo;
        0.4
```

注意:精度在 Hive 中是个很大的问题,类似这样的操作最好通过 round 指定精度。

(6)位与操作"&"

语法:A & B。

操作类型:所有数值类型。

说明:返回 A 和 B 按位进行与操作的结果。结果的数值类型等于 A 的类型和 B 的类型的最小父类型。

举例:

```
hive > select 4 & 8 from t_fin_demo;
        0
hive > select 6 & 4 from t_fin_demo;
        4
```

(7)位或操作"|"

语法:A | B。

操作类型:所有数值类型。

说明:返回 A 和 B 按位进行或操作的结果。结果的数值类型等于 A 的类型和 B 的类型的最小父类型。

举例:

```
hive > select 4 |8 from t_fin_demo;
        12
hive > select 6 |8 from t_fin_demo;
        14
```

(8)位异或操作"^"

语法:A^B。

操作类型:所有数值类型。

说明:返回 A 和 B 按位进行异或操作的结果。结果的数值类型等于 A 的类型和 B 的类型的最小父类型。

举例:

```
hive > select 4^8 from t_fin_demo;
        12
hive > select 6^4 from t_fin_demo;
        2
```

（9）位取反操作"～"

语法：～A。

操作类型：所有数值类型。

说明：返回 A 按位取反操作的结果。结果的数值类型等于 A 的类型。

举例：

```
hive > select ~6 from t_fin_demo;
        -7
hive > select ~4 from t_fin_demo;
        -5
```

4. 使用函数

①FIRST_VALUE：取分组内排序后，截止到当前行，第一个值。

②LAST_VALUE：取分组内排序后，截止到当前行，最后一个值。

③LEAD(col,n,DEFAULT)：用于统计窗口内往下第 n 行值。第一个参数为列名，第二个参数为往下第 n 行（可选，默认为1），第三个参数为默认值（当往下第 n 行为 NULL 时候，取默认值，如不指定，则为 NULL）。

④LAG(col,n,DEFAULT)：与 lead 相反，用于统计窗口内往上第 n 行值。第一个参数为列名，第二个参数为往上第 n 行（可选，默认为1），第三个参数为默认值（当往上第 n 行为 NULL 时候，取默认值，如不指定，则为 NULL）。

OVER 从句：

- 使用标准的聚合函数 COUNT、SUM、MIN、MAX、AVG。
- 使用 PARTITION BY 语句，使用一个或者多个原始数据类型的列。
- 使用 PARTITION BY 与 ORDER BY 语句，使用一个或者多个数据类型的分区或者排序列。
- 使用窗口规范，窗口规范支持格式如图 6-1-3 所示。

```
1  (ROWS | RANGE) BETWEEN (UNBOUNDED | [num]) PRECEDING AND ([num] PRECEDING | CURRENT ROW |
2  (ROWS | RANGE) BETWEEN CURRENT ROW AND (CURRENT ROW | (UNBOUNDED | [num]) FOLLOWING)
3  (ROWS | RANGE) BETWEEN [num] FOLLOWING AND (UNBOUNDED | [num]) FOLLOWING
```

图 6-1-3　窗口规范

当 ORDER BY 后面缺少窗口从句条件，窗口规范默认是 RANGE BETWEEN UNBOUNDED PRECEDING AND CURRENT ROW。

当 ORDER BY 和窗口从句都缺失，窗口规范默认是 ROW BETWEEN UNBOUNDED PRECEDING AND UNBOUNDED FOLLOWING。

OVER 从句支持以下函数，但是并不支持和窗口一起使用它们。

Ranking 函数：Rank、NTile、DenseRank、CumeDist、ercentRank. Lead 和 Lag 函数。

5. LIMIT 语句

```
SELECT* FROM table  LIMIT [offset,] rows | rows OFFSET offset
```

在使用查询语句的时候，经常要返回前几条或者中间某几行数据，这个时候怎么办呢？不用担心，MySQL 已经提供了上面这样一个功能。

LIMIT 子句可以被用于强制 SELECT 语句返回指定的记录数。LIMIT 接受一个或两个数字参数。参数必须是一个整数常量。如果给定两个参数，第一个参数指定第一个返回记录行的偏移量，第二个参数指定返回记录行的最大数目。初始记录行的偏移量是 0（而不是 1）：为了与 PostgreSQL 兼容，MySQL 也支持句法：LIMIT # OFFSET #。

```
mysql > SELECT * FROM table LIMIT 5,10;          //检索记录行 6-15
```

为了检索从某一个偏移量到记录集的结束所有的记录行，可以指定第二个参数为 -1：

```
mysql > SELECT * FROM table LIMIT 95,-1;         //检索记录行 96-last
```

如果只给定一个参数，它表示返回最大的记录行数目：

```
mysql > SELECT * FROM table LIMIT 5;             //检索前 5 个记录行
```

换句话说，LIMIT n 等价于 LIMIT 0,n。

6. 列的别名

视图里面有多张表：

```
CREATE VIEW VW_test AS SELECT a. aa AS a1,b. bb AS b1 FROM A
LEFT JOIN b ON a. a1 = b. b1
```

得到以下结果，如表 6-1-2 所示。

表 6-1-2　结果

表	列　名	别　名
A	aa	a1
B	bb	b1

7. CASE、WHEN、THEN 句式

例如：数据库有一张表名为 student 的表，如表 6-1-3 所示。

表 6-1-3　student 的表

student	sex	province
1	男	江西省
2	男	广东省
3	男	浙江省
4	女	江西省

续表

student	sex	province
5	男	浙江省
6	女	浙江省
NULL	NULL	NULL

如果现在要根据这张表,查出江西省男女个数,广东省男生个数,浙江省男女个数,怎么写 SQL 语句?即要生成如下结果表,如表 6-1-4 所示。

表 6-1-4 SQL 语句

性别(sex)	广东省	江西省	浙江省
男	1	1	2
女	0	1	1

答案如下:

select sex ,count(case province when '广东省' then '广东省' end)as 广东省 ,count (case province when '江西省' then '江西省' end)as 江西省 ,count(case province when '浙江省' then '浙江省' end)as 浙江省 from student group by sex;

count( )函数即根据给定的范围和 group by(统计方式)而统计行数据的条数,如表 6-1-5 所示。

select sex from student(查询数据表中的存在的男女条数);

表 6-1-5　count( )函数

序　号	sex
1	男
2	男
3	男
4	女
5	男
6	女

select sex,count(*)as num from student group by sex　(查询表中男女数量);

查询表中男女数量如表 6-1-6 所示。

表 6-1-6　查询男女数量

序　号	sex	num
1	男	4
2	女	2

select sex ,province,count(*)as num from student group by sex,province(查询各省男女数量);

查询各省男女数量如表 6-1-7 所示。

表6-1-7 查询各省男女数量

序　　号	sex	province	num
1	男	广东省	1
2	男	江西省	1
3	女	江西省	1
4	男	浙江省	2
5	女	浙江省	1

如果把 count(*) 中的 * 号换成任一列名呢？如 count(province)，会怎样？

```
select sex ,province,count(province)as num from student group by sex,province
(查询各省男女数量);
```

结果和表 6-1-6 一样：这说明换不换都一样。又有 count(province) 等价于 count(case province when '浙江省' then '浙江省' else province end)，但是如果缩小范围呢？即 count(case province when '浙江省' then '浙江省' end)，那么请看下面代码，结果如表 6-1-8 所示。

```
select sex ,province,count( case province when '浙江省' then '浙江省' end )as
 num from student group by sex,province;
```

表6-1-8 缩小范围

序　　号	sex	province	num
1	男	广东省	0
2	男	江西省	0
3	女	江西省	0
4	男	浙江省	2
5	女	浙江省	1

即统计男女数量范围限定在浙江省，再精简之后，即见下列代码，具体结果如表 6-1-9 所示。

```
select sex,count( case province when '浙江省' then '浙江省' end )as 浙江省
 from student group by sex;
```

表6-1-9 统计男女数量范围限定在浙江省

序　　号	sex	浙江省
1	男	2
2	女	1

已经接近要求了，现在只要加上另几个字段，具体结果如表 6-1-10 所示。

```
select sex,count( case province when '广东省' then '广东省' end )as 广东省 ,count(
case province when '江西省' then '江西省' end )as 江西省 ,count( case province when '浙江省
' then '浙江省' end )as 浙江省 from student group by sex;
```

表 6-1-10　修改内容

序　号	sex	广东省	江西省	浙江省
1	男	1	1	2
2	女	0	1	1

小结：当然，实现有很多种方法，可以使用多个子查询拼接起来。这只是一种思路：

WHEN 和 THEN 可以作为子查询语句，样例代码如下：

```
select(case province when '浙江省' then '浙江' when '江西省' then '江西' end  )as 省份
from student;
```

具体结果如表 6-1-11 所示。

表 6-1-11　case when then

序　号	省　份
1	江西
2	NULL
3	浙江
4	江西
5	浙江
6	浙江

如果默认范围没全包含则为空，表 6-1-11 的广东省为空：

```
select(case province when '浙江省' then '浙江' when '江西省' then '江西' else province
end  )as 省份 from student;
```

建表结果如表 6-1-12 所示。

表 6-1-12　select

序　号	省　份
1	江西
2	广东省
3	浙江
4	江西
5	浙江
6	浙江

8. 嵌套 SELECT 语句

嵌套 SELECT 语句又称子查询，一个 SELECT 语句的查询结果能够作为另一个语句的输入值。子查询不但能够出现在 WHERE 子句中，也能够出现在 FROM 子句中，作为一个临时表使用，也能够出现在 select list 中，作为一个字段值来返回。

（1）单行子查询

单行子查询是指子查询的返回结果只有一行数据。当主查询语句的条件语句中引用子查询结果时,可用单行比较符号(= , > , < , >= , <= , < >)来进行比较。

示例如下:

```
select ename,deptno,sal from emp where deptno = (select deptno from dept
 where loc = 'NEW YORK');
```

（2）多行子查询

多行子查询即是子查询的返回结果是多行数据。当主查询语句的条件语句中引用子查询结果时必须用多行比较符号(IN、ALL、ANY)来进行比较。其中,IN 的含义是匹配子查询结果中的任一个值即可(IN 操作符,能够测试某个值是否在一个列表中),ALL 则必须要符合子查询的所有值,ANY 要符合子查询结果的任何一个值即可。

注意:ALL 和 ANY 操作符不能单独使用,而只能与单行比较符(= 、> 、< 、>= 、<= 、< >)结合使用。

以下举一个简单的例子:

①多行子查询使用 IN 操作符号例子:查询选修了老师名为 Rona(假设唯一)的学生名字:

```
sql > select stName
from Student
where stIdin(selectdistinctstId from score where teId = (select teId from teacher
where teName = 'Rona'));
```

查询所有部门编号为 A 的资料:

```
SELECT ename,job,sal
FROM EMP
WHERE deptno in( SELECT deptno FROM dept WHERE dname LIKE 'A% ');
```

②多行子查询使用 ALL 操作符号例子:查询有一门以上的成绩高于 Kaka 的最高成绩的学生的名字:

```
sql > select stName
from Student
where stId in (select distinct stId from score where score > all (select score from
score where stId = (select stId from Student where stName = 'Kaka')));
```

③多行子查询使用 ANY 操作符号例子:查询有一门以上的成绩高于 Kaka 的任何一门成绩的学生的名字:

```
sql > select stName
from Student
where stIdin (select distinct stId from score where score > any (select score from
score where stId = (select stId from Student where stName = 'Kaka')));
```

（3）多列子查询

当是单行多列的子查询时,主查询语句的条件语句中引用子查询结果时可用单行比较符号(= , > , < , >= , <= , < >)来进行比较;当是多行多列子查询时,主查询语句的条件语句中引用子查询结果时必须用多行比较符号(IN,ALL,ANY)来进行比较。

示例如下:

```
SELECT deptno,ename,job,salFROM EMP
WHERE(deptno,sal)IN(SELECT deptno,MAX(sal)FROM EMP GROUP BY deptno);
```

（4）内联视图子查询

在 SELECT 语句里的内联视图（in-line view），即 SELECT * FROM(<select clause >)，示例如下：

```
SELECT ename,job,sal,rownum
FROM(SELECT ename,job,sal FROM EMP ORDER BY sal);
```

一个 SELECT 语句执行所得的结果集是只能读取而不能被修改的，即不支持 DML 操作,但是内联视图却又是支持 DML 操作。所以说从内联视图这个特性来看，它更像是表，只不过内联视图没有实际的数据，视图的全部家当，也就是用户创建视图时的 SELECT 语句，故而可以将内联视图视为一张虚拟的表。

```
SELECT ename,job,sal,rownumFROM( SELECT ename,job,sal FROM EMP
 ORDER BY sal)WHERE rownum <=5;
```

（5）在 HAVING 子句中使用子查询

示例如下:

```
SELECT deptno,job,AVG(sal)FROM EMP GROUP BY deptno,job HAVING
 AVG(sal) > (SELECT sal FROM EMP WHERE ename = 'MARTIN');
```

再看看一些具体的实例,给出人口多于 Russia(俄国)的国家名称。

```
Select name from bbc(select population > from bbc where name = 'russia')
```

给出'India'(印度),'Iran'(伊朗)所在地区的任何国家的任何信息。

```
Select* from bbc where region in
(select region from bbc where name in('india','iran'));
```

给出人均 GDP 超过'United Kingdom'(英国)的欧洲国家。

```
Select name from bbc where region = 'europe' and gdp/population >
(Select gdp/population from bbc where name = 'united kingdom');
```

SQL 子查询总结:

许多包含子查询的 Transact-SQL 语句都可以改用联接表示。在 Transact-SQL 中,包含子查询的语句和语义上等效的不包含子查询的语句在性能上通常没有差别。但是,在一些必须检查存在性的情况中,使用联接会产生更好的性能。否则,为确保消除重复值,必须为外部查询的每个结果都处理嵌套查询。所以在这些情况下,联接方式会产生更好的效果。

以下示例显示了返回相同结果集的 SELECT 子查询和 SELECT 联接:

```
Select Name  FROM AdventureWorks. Production. Product
 Where ListPrice =  (Select ListPrice  FROMAdventureWorks. Production. Product
Where Name = 'Chainring Bolts' )
 Select Prd1. Name  FROM AdventureWorks. Production. Product AS Prd1
  JOIN AdventureWorks. Production. Product AS Prd2  ON(Prd1. ListPrice = Prd2. ListPrice)
 Where Prd2. Name = 'Chainring Bolts';
```

嵌套在外部 SELECT 语句中的子查询包括以下组件:

①包含常规选择列表组件的常规 SELECT 查询。

②包含一个或多个表或视图名称的常规 FROM 子句。

③可选的 WHERE 子句。

④可选的 GROUP BY 子句。

⑤可选的 HIVING 子句。

子查询的 SELECT 查询总是使用圆括号括起来,它不能包含 compute 或 for browse 子句,如果同时指定了 top 子句,则只能包含 or der by 子句。

子查询可以嵌套在外部 SELECT、Insert、Update 或 Delete 语句的 WHERE 或 HAVING 子句内,也可以嵌套在其他子查询内。尽管根据可用内存和查询中其他表达式的复杂程度的不同,嵌套限制也有所不同,但嵌套到 32 层是可能的。个别查询可能不支持 32 层嵌套。任何可以使用表达式的地方都可以使用子查询,只要它返回的是单个值。

如果某个表只出现在子查询中,而没有出现在外部查询中,那么该表中的列就无法包含在输出(外部查询的选择列表)中。

包含子查询的语句通常采用以下格式中的一种:

①Where expression [NOT] IN(subquery)。

②Where expression comparison_operator [ANY｜ALL](subquery)。

③Where [NOT] EXISTS(subquery)。

在某些 Transact-SQL 语句中,子查询可以作为独立查询来计算。从概念上说,子查询结果会代入外部查询(尽管这不一定是 Microsoft SQL Server 2005 实际处理带有子查询的 Transact-SQL 语句的方式)。

(6)带 in 的嵌套查询

```
select emp. empno,emp. ename,emp. job,emp. sal from scott. emp where sal in(select sal from scott. emp where ename =''WARD'');
```

上述语句完成的是查询薪水和 WARD 相等的员工,也可以使用 not in 来进行查询。

(7)带 ANY 的嵌套查询

通过比较运算符将一个表达式的值或列值与子查询返回的一列值中的每一个进行比较,只要有一次比较的结果为 TRUE,则 ANY 测试返回 TRUE。

```
select emp. empno,emp. ename,emp. job,emp. sal from scott. emp where
 sal > any(select sal from scott. emp where job = "MANAGER");
```

等价于下边两步的执行过程:

①执行(select sal from scott. emp where job = "MANAGER")。

②查询到 3 个薪水值 2975、2850 和 2450,父查询执行下列语句:

```
select emp. empno,emp. ename,emp. job,emp. sal from scott. emp where sal >2975 or sal >
2850 or sal >2450;
```

(8)带 some 的嵌套查询

```
select emp. empno,emp. ename,emp. job,emp. sal from scott. emp where sal
 = some(select sal from scott. emp where job =''MANAGER'');
```

等价于下边两步的执行过程:

①子查询,执行(select sal from scott. emp where job = "MANAGER");

②父查询执行下列语句:

```
select emp. empno,emp. ename,emp. job,emp. sal from scott. emp where sal =2975
 or   sal =2850 or sal =2450;
```

带 ANY 的嵌套查询和 some 的嵌套查询功能是一样的。早期的 SQL 仅仅允许使用 ANY,后来的版本为了和英语的 any 相区分,引入了 some,同时还保留了 ANY 关键词。

(9)带 all 的嵌套查询

通过比较运算符将一个表达式的值或列值与子查询返回的一列值中的每一个进行比较,只要有一次比较的结果为 FALSE,则 ALL 测试返回 FALSE。

```
select emp. empno,emp. ename,emp. job,emp. sal from scott. emp where
 sal >all(select sal from scott. emp where job =''MANAGER'');
```

等价于下边两步的执行过程:

①子查询,执行(select sal from scott. emp where job = "MANAGER");。

②父查询执行下列语句。

```
select emp. empno,emp. ename,emp. job,emp. sal from scott. emp where sal >2975
 and sal >2850 and sal >2450;
```

(10)带 exists 的嵌套查询

```
select emp. empno,emp. ename,emp. job,emp. sal from scott. emp,scott. dept where
 exists(select* from scott. emp where scott. emp. deptno = scott. dept. deptno);
```

(11)交操作的嵌套查询

交操作就是集合中交集的概念,属于集合 A 且属于集合 B 的元素总和就是交集。

```
(select deptno from scott. emp)intersect(select deptno from scott. dept);
```

(12)差操作的嵌套查询

差操作就是集合中差集的概念,属于集合 A 且不属于集合 B 的元素总和就是差集。

```
(select deptno from scott. dept)minus(select deptno from scott. emp);
```

注意:并、交和差操作的嵌套查询要求属性具有相同的定义,包括类型和取值范围。

上述代码左半边括号内是一个标量表达式列表,右半边括号内代码是一个长的标量表达式的列表,或者一个圆括号括起来的子查询,该查询必须返回跟左半边表达式书目完全一样的字段。另外,该子查询不能返回超过一行的数量。(如果它返回零行,那么结果就是 NULL。)左半边逐行与右半边的子查询结果行,或者右半边表达式列表进行比较。目前,只允许使用" = "和" < >"操作符进行逐行比较。如果两行分别是相等或者不等,那么结果为真。

通常,表达式或者子查询行里的 NULL 是按照 SQL 布尔表达式的一般规则进行组合的。如果两个行对应的成员都是非空并且相等,那么认为这两行相等;如果任意对应成员为非空且不等,那么该两行不等;否则这样的行比较的结果是未知(NULL)。

任务实施

本任务主要涉及 HiveQL 的使用,使同学们更加熟练地掌握了 SELECT、FROM 语句的用法。

（1）Hive-SQL 的基本结构

```
select* from test where sex_age. sex = 'Male';
```

①支持使用 distinct 去重：

```
select distinct name,sex_age. sex as sex from test;
select distinct* from test;
```

②Hive 0.7.0 之后,支持 HAVING 子句：

```
SELECT col1 FROM t1 GROUP BY col1 HAVING SUM(col2) >10;
```

③支持 LIMIT 子句,限制返回行数：

```
SELECT* FROM t1 LIMIT 5;#随机返回 5 行;
```

④返回 Top K 行：

```
SET mapred. reduce. tasks =1 SELECT* FROM sales SORT BY amount DESC
LIMIT 5;
```

（2）在 Hive-SQL 中支持嵌套查询和子查询

不允许出现多重嵌套或多重子查询的情况,常用的子查询方式如下所示：

①通过 with 语句,子查询必须申明别名：

```
with t1 as (select* from test where sex_age. sex = 'Male')select name,work_place
from t1;
```

②子查询放置在 FROM 子句,子查询必须申明别名：

```
select name,sex_age. sex from(select* from test where sex_age. sex = 'Male')t1;
```

③置在 WHERE 子句,在 WHERE 子句中的子查询支持 in、not in、exists、not exists。

```
select name,sex_age. sex from test a #外部表必须申明别名,不然 Hive 报错
where a. name in(select name from test here sex_age. sex = 'Male');
```

注意：使用 in 或 not in 时,子查询只能返回一个字段,且使用 in/not in 不能同时涉及内/外部表。

④ERROR：in/not in 不能同时涉及内/外部表,exists/not exists 没有这个限制：

```
select name,sex_age. sex from test a where a. name in(select name from test
where sex_age. sex! = a. sex_age);
```

同步训练

【实训题目】

①在表格中练习 SELECT、FROM 语句,对照查询到的结果。

②使用正则表达式、算术运算符。

【实训目的】

①掌握 HiveQL 语句,如 SELECT、FROM。

②掌握正则表达式、算术运算符。

【实训内容】

①在已经插入数据的 Hive 表格中进行 SELECT、FROM 语句操作。

②练习函数、LIMIT 语句、CASE、WHEN、THEN 句式。

任务 6.2　GROUP BY

任务描述

在已经创建好的表中使用 GROUP BY 语句。

知识学习

GROUP BY 语句用于结合合计函数,根据一个或多个列对结果集进行分组。SQL GROUP BY 语法,如图 6-2-1 所示。

```
SELECT column_name, aggregate_function(column_name)
FROM table_name
WHERE column_name operator value
GROUP BY column_name
```

图 6-2-1　SQL GROUP BY 语法

GROUP BY 实例,如图 6-2-2 所示。

O_Id	OrderDate	OrderPrice	Customer
1	2008/12/29	1000	Bush
2	2008/11/23	1600	Carter
3	2008/10/05	700	Bush
4	2008/09/28	300	Bush
5	2008/08/06	2000	Adams
6	2008/07/21	100	Carter

图 6-2-2　GROUP BY 实例(1)

现在,用户希望查找每个客户的总金额(总订单),想使用 GROUP BY 语句对客户进行组合,使用下列 SQL 语句:

```
SELECT Customer,SUM(OrderPrice)FROM Orders
GROUP BY Customer
```

结果集类似这样,如图 6-2-3 所示。

Customer	SUM(OrderPrice)
Bush	2000
Carter	1700
Adams	2000

图 6-2-3　GROUP BY 实例(2)

省略 GROUP BY 会出现什么情况:

```
SELECT Customer,SUM(OrderPrice)FROM Orders
```

结果集类似这样,如图 6-2-4 所示。

Customer	SUM(OrderPrice)
Bush	5700
Carter	5700
Bush	5700
Bush	5700
Adams	5700
Carter	5700

图 6-2-4　GROUP BY 实例(3)

那么为什么不能使用上面这条 SELECT 语句呢?引起上面的 SELECT 语句指定了两列(Customer 和 SUM(OrderPrice))。SUM(OrderPrice)返回一个单独的值(OrderPrice 列的总计),而 Customer 返回 6 个值(每个值对应 Orders 表中的每一行)。因此,得不到正确的结果,不过 GROUP BY 语句解决了这个问题。

任务实施

本任务主要讲到了 GROUP BY,使学生更加深入地了解 GROUP BY,不仅有去重的作用,还有分组的作用。GROUP BY 实际上是有去重的作用的,按照 xx 分类,相同的为一类,就相当于去重了。

①GROUP BY 操作表示按照某些字段的值进行分组,将相同的值放在一起,语法如下所示:

```
select col1,col2,count(1),sel_expr(聚合操作)  from tableName
where condition  group by col1,col2  having...
```

注意:SELECT 后面的非聚合列必须出现在 group 中,例如上面的 clo1、clo2;除了普通的列就是一些聚合操作。

②深入体会 GROUP BY 相关操作:

```
insert overwrite table pv_gender_sum  select pv_users.gender count(distinct
 pv_users.userid)  from pv_users  group by pv_users.gender;
```

③在 SELECT 语句中可以有多个聚合操作,但是如果多个聚合操作中同时使用了 distinct 去重,那么 distinct 去重的列必须相同,如下语句不合法:

```
insert overwrite table pv_gender_agg  select pv_users.gender,count(distinct p
v_users.userid),count(distinct pv_users.ip)  from pv_users  group by pv_
users.gender;
```

④对上述非法语句做如下修改,将 distinct 的类改为一致就正确:

```
insert overwrite table pv_gender_agg  select pv_users.gender,count(distinct
pv_users.userid),count(distinct pv_users.userid)  from pv_users  group by pv_
users.gender;
```

⑤SELECT 后面的非聚合列必须出现在 GROUP BY 中,否则非法:

```
select uid,name,count(sal)  from users  group by uid;
```

同步训练

【实训题目】

在添加好数据的表格中进行 GROUP BY 操作,对比 GROUP BY 命令不同的可以展现不同的结果。

【实训目的】

掌握 GROUP BY 的多种作用。

【实训内容】

在 Hive 表格中使用 GROUP BY 语句。

微课

任务 6.3
抽样查询

任务6.3　抽样查询

任务描述

①在 Hive 表格中使用数据块抽样。

②分桶表的输入裁剪。

知识学习

1. 数据块抽样

（1）随机抽样

采用随机抽样方式时,数据集中的每一组观测值都有相同的被抽样的概率。比如按 10% 的比例随机抽样,则每一个观测值都有 10% 的机会被取到。

（2）等距抽样

比如按 5% 的比例对一个有 100 个观测值的数据集进行等距抽样,则有 100/5 = 20,等距抽样方式是取第 20、40、60、80 和 100 个观测值。

（3）分层抽样

首先将样本总体分成若干层次(或者说分成若干个子集)。在每个层次中的观测值可设定相同的概率,也可设定不同的概率。这样的抽样结果通常具有更好的代表性,使模型具有更好的拟合精度。

2. 分桶表的输入裁剪

查看 TABLESAMPLE 语句,用户可能会得出如下的查询和 TABLESAMPLE 操作相同的结论:

```
Hive > select* from numbersflat where number %  2 =0;
```

对于大多数类型的表确实是这样的。抽样会扫描表中所有的数据,然后在每 N 行中抽取一行数据。不过,如果 TABLESAMPLE 语句中指定的列和 CLUSTERED BY 语句中指定的列相同,那么 TABLESAMPLE 查询就只会扫描涉及的表的哈斯分区下的数据,代码如下所示:

```
Hive > Create table numbers_bucketed(number int)clustered by(number)into 3
 buckets;
Hive > set hive. enforce. bucketing =true;
Hive > insert overwrite table numbers_bucketed select number from numbers;
```

```
Hive > dfs-ls/user/hive/warehouse/mysql.db/numbers_bucketed;
Hive > dfs-cat/user/hive/warehouse/mysql.db/numbers_bucketed/000001_0;
```

因为这个表已经聚集成 3 个数据桶了,下面的这个查询可以高效地仅对其中一个数据:

```
Hive > select* from numbers_bucketed tablesample(bucket 2 out of 3 on number);
1
7
10
4
```

任务实施

本任务主要涉及抽样查询,使学生更加深入地理解分桶抽样查询、数据块抽样。

(1)分桶抽样查询

```
select* from numbers TABLESAMPLE(BUCKET 3 OUT OF 10 ON number)s;
```

其中 TABLESAMPLE 是抽样语句,语法:TABLESAMPLE(BUCKET x OUT OF y),y 必须是 table 总 bucket 数的倍数或者因子。hive 根据 y 的大小,决定抽样的比例。例如,table 总共分了 64 份,当 y =32 时,抽取(64/32)2 个 bucket 的数据;当 y = 128 时,抽取(64/128)1/2 个 bucket 的数据。x 表示从哪个 bucket 开始抽取。例如,table 总 bucket 数为 32,tablesample(bucket 3 out of 16),表示总共抽取(32/16)2 个 bucket 的数据,分别为第 3 个 bucket 和第(3 + 16)19 个 bucket 的数据。

(2)数据块抽样

```
select* from numbersflat TABLESAMPLE(0.1 PERCENT)s;
```

Hive 提供了另外一种按照抽样百分比进行抽样的方式,这种是基于行数的,按照输入路径下的数据块百分比进行抽样。这种抽样方式不一定适用于所有的文件格式。另外抽样的最小抽样单元是一个 HDFS 数据块。如果标的数据大小小于普通的块大小(128 MB),那么会返回所有的行。

同步训练

【实训题目】

①使用分桶抽样查询对数据。

②了解随机抽样、等距抽样、分层抽样。

【实训目的】

掌握数据块抽样分桶表的输入裁剪,如 TABLESAMPLE 语句。

【实训内容】

①在已建立好的表格中进行数据抽样。

②练习分桶表的输入裁剪。

任务 6.4　WHERE 语句

任务描述

①谓语操作符。

②关于浮点数比较。

微课

任务 6.4
WHERE 语句

知识学习

1. 谓语操作符

这些操作符用于 Join On 和 HAVING 语句,如表 6-4-1 所示。

表 6-4-1　谓语操作符

操 作 符	支持的数据类型	描　述
A = B	基本数据类型	如果 A 等于 B,则返回 TRUE,反之返回 FALSE
A <= >B	基本数据类型	如果 A 和 B 都为 NULL,则返回 TRUE,其他的和等号(=)操作符的结果一致,如果任一为 NULL 则结果为 NULL
A < >B,A! = B	基本数据类型	A 或者 B 为 NULL 则返回 NULL;如果 A 不等于 B,则返回 TRUE,反之返回 FALSE
A < B	基本数据类型	A 或者 B 为 NULL,则返回 NULL;如果 A 小于 B,则返回 TRUE,反之返回 FALSE
A <= B	基本数据类型	A 或者 B 为 NULL,则返回 NULL;如果 A 小于等于 B,则返回 TRUE,反之返回 FALSE
A > B	基本数据类型	A 或者 B 为 NULL,则返回 NULL;如果 A 大于 B,则返回 TRUE,反之返回 FALSE
A >= B	基本数据类型	A 或者 B 为 NULL,则返回 NULL;如果 A 大于等于 B,则返回 TRUE,反之返回 FALSE
A [NOT] BETWEEN B AND C	基本数据类型	如果 A,B 或者 C 任一为 NULL;则结果为 NULL;如果 A 的值大于等于 B 而且小于或等于 C,则结果为 TRUE,反之为 FALSE。如果使用 NOT 关键字则可达到相反的效果
A IS NULL	所有数据类型	如果 A 等于 NULL,则返回 TRUE,反之返回 FALSE
A IS NOT NULL	所有数据类型	如果 A 不等于 NULL,则返回 TRUE,反之返回 FALSE
IN(数值1,数值2)	所有数据类型	使用 IN 运算显示列表中的值
A [NOT] LIKE B	STRING 类型	B 是一个 SQL 下的简单正则表达式,如果 A 与其匹配的话,则返回 TRUE;反之返回 FALSE。B 的表达式说明如下:x% 表示 A 必须以字母 x 开头,%x 表示 A 必须以字母 x 结尾,而% x%表示 A 包含有字母 x,可以位于开头,结尾或者字符串中间。如果使用 NOT 关键字则可达到相反的效果
A RLIKE B,A REGEXP B	STRING 类型	B 是一个正则表达式,如果 A 与其匹配,则返回 TRUE;反之返回 FALSE。匹配使用的是 JDK 中的正则表达式接口实现的,因为正则也依据其中的规则。例如,正则表达式必须和整个字符串 A 相匹配,而不是只需与其字符串匹配

2. 浮点数比较

浮点数一般用于表示含有小数部分的数值。当一个字段被定义为浮点类型后,如果插入数据的精度超过该列定义的实际精度,则插入值会被四舍五入到实际定义的精度值。在 MySQL 中,float、double(或 real)用来表示浮点数。定点数不同于浮点数,定点数实际上是以字符串形式存放的,所以定点数可以更加精确地保存数据。

```
mysql > CREATE TABLE test(c1 float(10,2),c2 decimal(10,2));
Query OK,0 rows affected(0.29 sec)
mysql > insert into test values(199999.82,199999.82);
Query OK,1 row affected(0.07 sec)
mysql > select* from test;
+ ------------ + ------------ +
| c1                        | c2                     |
+ ------------ + ------------ +
|199999.81  |199999.82 |
+ ------------ + ------------ +
```

任务实施

本任务主要涉及 WHERE 语句,使学生更加深入地理解谓语操作符和浮点数的比较。

1. WHERE 语句

①使用 WHERE 子句,将不满足条件的行过滤掉。

②WHERE 子句紧随 FROM 子句:

```
hive(default) > select* from emp where sal >1000;
```

2. 比较运算符(BETWEEN/IN/IS NULL)

实例:

①查询出薪水等于 5 000 的所有员工:

```
hive(default) > select* from test where sal =5000;
```

②查询工资在 500 ~ 1 000 之间的员工信息:

```
hive(default) > select* from test where sal between 500 and 1000;
```

③查询 comm 为空的所有员工信息:

```
hive(default) > select* from test where comm is null;
```

④查询工资是 1 500 和 5 000 的员工信息:

```
hive(default) > select* from test where sal IN(1500,5000);
```

3. LIKE、RLIKE

实例:

①查找以 2 开头薪水的员工信息:

```
hive(default) > select* from test where sal LIKE '2% ';
```

②查找第二个数值为 2 的薪水的员工信息:

```
hive(default) > select* from test where sal LIKE '_2% ';
```

③查找薪水中含有 2 的员工信息:

```
hive(default)>select* from emp where sal RLIKE '[2]';
```

4. 逻辑运算符(AND/OR/NOT)

逻辑运算符如表6-4-2 所示。

表6-4-2　逻辑运算符(AND/OR/NOT)

操 作 符	含 义
AND	逻辑并
OR	逻辑或
NOT	逻辑否

实例:

①查询薪水大于 1 000,部门是 30 的员工信息:

```
hive(default)>select * from test where sal >1000 and deptno =30;
```

②查询薪水大于 1 000,或者部门是 30 的员工信息:

```
hive(default)>select * from test where sal >1000 or deptno =30;
```

③查询除了 20 部门和 30 部门以外的员工信息:

```
hive(default)>select * from test where deptno not IN(30,20);
```

同步训练

【实训题目】

WHERE 语句中的谓语操作符。

【实训目的】

①掌握学习谓语操作符的使用方法。

②掌握关于浮点数比较。

【实训内容】

①使用谓语操作符。

②使用浮点数。

任务 6.5　JOIN 语句

任务描述

①JOIN 优化。

②LEFT OUTER JOIN、INNER JOIN、FULL OUTER JOIN、LEFT SEMI-JOIN、RIGHT OUTER JOIN、OUTER JOIN。

③笛卡儿积 JOIN、map-side-join。

微课

任务 6.5
JOIN 语句

知识学习

1.　JOIN 优化

此节讲述如何优化 JOIN 查询带有排序的情况,大致分为对连接属性排序和对非连接属性排序两种情况。首先插入测试数据,代码如下所示。

```
CREATETABLE t1(id INT PRIMARY KEY AUTO_INCREMENT,
typeINT);
SELECTCOUNT(* )FRON t1;
COUNT(* )
10000

CREATE TABLEt2(
id INE PRIMARY REY AUTO_INCREET,type INT);
SELEOT COUT()FRONt2;
 COUNT(* )
 100
```

(1)对连接属性进行排序

现要求对 t1 和 t2 做内连接,连接条件是 t1. id = t2. id,并对连接属性 id 属性进行排序(MySQL 为主键 id 建立了索引)。

有两种选择,方式一为[...ORDER BY t1. id],方式二为[...ORDER BY t2. id],选哪种呢?

首先找出驱动表和被驱动表,按照小表驱动大表的原则,大表是 t1,小表是 t2,所以 t2 是驱动表,t1 是非驱动表,t2 驱动 t1。然后进行分析,如果使用方式一的话,MySQL 会先对 t1 进行排序然后执行表连接算法。如果使用方式二的话,只能执行表连接算法后对结果集进行排序(extra:using temporary),效率必然低下。所以,当对连接属性进行排序时,应当选择驱动表的属性作为排序表中的条件,如图 6-5-1 所示。

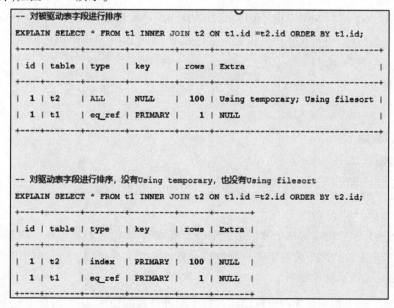

图 6-5-1　对连接属性进行排序

（2）对非连接属性进行排序

现要求对 t1 和 t2 做内连接，连接条件是 t1. id = t2. id，并对非连接属性 t1 的 type 属性进行排序，[... ORDER BY t1. type]。

首先找出驱动表和被驱动表，按照小表驱动大表的原则，大表是 t1，小表是 t2，所以 MySQL Optimizer 会用 t2 驱动 t1。现在要对 t1 的 type 属性进行排序，t1 是被驱动表，必然导致对连接后结果集进行排序 Using temporary（比 Using filesort 更严重）。所以，能不能不用 MySQL Optimizer，用大表驱动小表呢？如图 6-5-2 所示。

```
EXPLAIN SELECT * FROM t1 INNER JOIN t2 ON t1.id =t2.id ORDER BY t1.type;
+----+-------+--------+---------+------+-------------------------------+
| id | table | type   | key     | rows | Extra                         |
+----+-------+--------+---------+------+-------------------------------+
| 1  | t2    | ALL    | NULL    | 100  | Using temporary; Using filesort |
| 1  | t1    | eq_ref | PRIMARY | 1    | NULL                          |
+----+-------+--------+---------+------+-------------------------------+

-- Using temporary没有了，但是大表驱动小表，导致内循环次数增加，实际开发中要从实际出发，
-- 对此作出权衡。
EXPLAIN SELECT * FROM t1 STRAIGHT_JOIN t2 ON t1.id =t2.id ORDER BY t1.type;
+----+-------+--------+---------+-------+----------------+
| id | table | type   | key     | rows  | Extra          |
+----+-------+--------+---------+-------+----------------+
| 1  | t1    | ALL    | NULL    | 10000 | Using filesort |
| 1  | t2    | eq_ref | PRIMARY | 1     | NULL           |
+----+-------+--------+---------+-------+----------------+
```

图 6-5-2 对非连接属性进行排序

最后，INNER JOIN、JOIN、WHERE 等值连接和 STRAIGHT_JOIN 都能表示内连接，那平时如何选择呢？一般情况下用 INNER JOIN、JOIN 或者 WHERE 等值连接，因为 MySQL Optimizer 会按照"小表驱动大表的策略"进行优化。当出现上述问题时，才考虑用 STRAIGHT_JOIN。

2. LEFT OUTER JOIN

（1）左外连接（Left Outer Jion）

```
select * from    t_institutioni left outer join t_teller t on i. inst_no = t. inst_no;
```
其中 outer 可以省略。

（2）右外连接（Right Outer Jion）

```
select * from    t_institutioni right outer join t_teller t on i. inst_no = t. inst_no;
```

（3）全外连接（Full Outer）

全外连接返回参与连接的两个数据集合中的全部数据，无论它们是否具有与之相匹配的行。在功能上，它等价于对这两个数据集合分别进行左外连接和右外连接，然后再使用消去重复行的并操作将上述两个结果集合并为一个结果集。

在现实生活中，参照完整性约束可以减少对于全外连接的使用，一般情况下左外连接就足够了。在数据库中没有利用清晰、规范的约束来防范错误数据情况下，全外连接就变得非常有用

了,可以使用它来清理数据库中的数据。

```
select* from    t_institutioni full outer join t_teller t on i.inst_no=t.inst_no
```

外连接与条件配合使用:

在内连接查询中加入条件时,无论是将它加入到 JOIN 子句,还是加入到 WHERE 子句,其效果是完全一样的,但对于外连接情况就不同了。当把条件加入到 JOIN 子句时,SQL Server、Informix 会返回外连接表的全部行,然后使用指定的条件返回第二个表的行。如果将条件放到WHERE 子句中,SQL Server 将会首先进行连接操作,然后使用 WHERE 子句对连接后的行进行筛选。

下面的两个查询展示了子查询语句对执行结果的影响:

条件在 JOIN 子句:

```
select* from    t_institutioni left outer join t_teller t on i.inst_no=t.inst_no
and i.inst_no="5801"
```

结果如表6-5-1 所示。

表6-5-1　JOIN 子句

inst_no	inst_name	inst_no	teller_no	teller_name
5801	天河区	5801	0001	tom
5801	天河区	5801	0002	david
5802	越秀区			
5803	白云区			

条件在 WHERE 子句:

```
select* from    t_institutioni left outer join t_teller t on i.inst_no=t.inst_no
 where i.inst_no="5801"
```

结果如表6-5-2 所示。

表6-5-2　WHERE 子句

inst_no	inst_name	inst_no	teller_no	teller_name
5801	天河区	5801	0001	tom
5801	天河区	5801	0002	david

3. INNER JOIN

MySQL 包含两种联接,分别是内连接(INNER JOIN)和外连接(OUT JOIN),但又同时听说过左连接,交叉连接等术语。本文介绍内连接的用法。

（1）内连接

首先说明内连接的一个重要性质:内连接查询结果与表的顺序无关,当然顺序可能会发生变化,但是对应关系绝对不会错乱。

（2）交叉连接(CROSS JOIN)

当然,交叉连接还有其他的名字,比如,笛卡儿积、交叉积,以及"没有连接"(no join),如

图6-5-3所示。

使用下列命令同时查询玩具表的 toy 列和男孩表的 boy 列,得到的结果就是交叉连接:

```
Select t.toy,b.boy from toys as t cross join boys as b;
```

其中,CROSS JOIN 可以省略,简写为:

```
Select t.boy,b.boy from toys as t,boys as b;
```

交叉连接把第一张表的每个值与第二张表的每个值进行匹配,结果如图6-5-4所示。

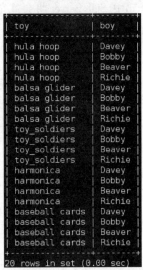

<table>
<tr><td>boy_id</td><td>boy</td></tr>
<tr><td>1</td><td>Davey</td></tr>
<tr><td>2</td><td>Bobby</td></tr>
<tr><td>3</td><td>Beaver</td></tr>
<tr><td>4</td><td>Richie</td></tr>
</table>

<table>
<tr><td>boy_id</td><td>boy</td></tr>
<tr><td>1</td><td>hula hoop</td></tr>
<tr><td>2</td><td>baisa glider</td></tr>
<tr><td>3</td><td>toy_soldilers</td></tr>
<tr><td>4</td><td>harmonica</td></tr>
<tr><td>5</td><td>baseball cards</td></tr>
</table>

图6-5-3　交叉连接　　　　　　　　　　图6-5-4　匹配

（3）相等连接

假设每个男孩子都有一个玩具,表之间是一对一的关系,toy_id 是外键,数据库表如图6-5-5所示。

如果想找到每个男孩儿拥有什么玩具,只需要将 boys 表中的 toy_id 和 toys 中的主键进行比对,就会得到结果,如图6-5-6所示。

```
Select boys.boy,toys.toy from boys inner join toys on boys.toy_id = toys.toy_id;
```

<table>
<tr><td>boy_id</td><td>boy</td><td>toy_id</td></tr>
<tr><td>1</td><td>Davry</td><td>3</td></tr>
<tr><td>2</td><td>Bobby</td><td>5</td></tr>
<tr><td>3</td><td>Beaver</td><td>2</td></tr>
<tr><td>4</td><td>Richie</td><td>1</td></tr>
</table>

<table>
<tr><td>boy_id</td><td>boy</td></tr>
<tr><td>1</td><td>hula hoop</td></tr>
<tr><td>2</td><td>baisa glider</td></tr>
<tr><td>3</td><td>toy_soldilers</td></tr>
<tr><td>4</td><td>harmonica</td></tr>
<tr><td>5</td><td>baseball cards</td></tr>
</table>

图6-5-5　相等连接　　　　　　　　图6-5-6　toy_id 和 toys

中的主键进行比对

（4）不等连接

如果继续沿用（3）中的表结构,想找到每个男孩儿没有的玩具,这时候可以使用不等连接,如图6-5-7所示。

```
Select boys.boy,toys.toy from boys inner join toys on boys.toy_id< >toys.toy_id
 order by boys.boy;
```

（5）自然连接

注意：自然连接只有在连接的列在两张表中的名称都相同时才有用。

其实，自然连接就是自动识别相同列的相等连接。

```
1 SELECT boys.boy,toys.toy
2 FROM boys
3 NATURAL JOIN
4 toys
5 ORDER BY boys.boy;
```

得到的结果和（3）中的结果完全一样（顺序可能不同），如图6-5-8所示。

图6-5-7　不等连接　　　　　　图6-5-8　自然连接

4. FULL OUTER JOIN

FULL JOIN 关键字语法：

```
SELECT column_name(s)
FROM table_name1
FULL JOIN table_name2
ON table_name1.column_name = table_name2.column_name
```

注意：在某些数据库中，FULL JOIN 称为 FULL OUTER JOIN。

5. LEFT SEMI-JOIN

Hive 当前没有实现 IN/EXISTS 子查询，所以可以用 LEFT SEMI JOIN 重写子查询语句。LEFT SEMI JOIN 的限制是，JOIN 子句中右边的表只能在 ON 子句中设置过滤条件，在 WHERE 子句、SELECT 子句或其他地方过滤都不行。

```
SELECT a.key,a.valueFROM a  WHERE a.key in   (SELECT b.key    FROM B);
```

可以被重写为：

```
SELECT a.key,a.val   FROM a LEFT SEMI JOIN b on(a.key = b.key)
```

6. RIGHT OUTER JOIN

与左外连接完全相同,只不过是用右表来评价左表,此外 RIGHT OUTER JOIN 左侧的表为右表:

```
Select b.boy,t.toy from toys t right outer join boys b on b.toy_id = t.toy_id;
```

上述代码等同于:

```
1 SELECT b.boy,t.toy
2 FROM boys b
3 LEFT OUTER JOIN toys t
4 ON b.toy_id = t.toy_id;
```

这两种写法都是把 toys 作为右表,把 boys 作为左表,实验的表结构如图 6-5-9 所示。

boy_id	boy	toy_id		boy_id	boy
1	Davry	3		1	hula hoop
2	Bobby	5		2	baisa glider
3	Beaver	2		3	toy_soldilers
4	Richie	1		4	harmonica
5	Andy	6		5	baseball cards

图 6-5-9 实验的表结构

实验结果如图 6-5-10 所示。

7. OUTER JOIN

首先说明,外连接不同于内连接的一个性质:外连接查询与表的顺序有关。

LEFT OUTER JOIN(左外连接)接收左表的所有行,并用这些行与右表进行匹配,当左表与右表具有一对多的关系时,左外连接特别有用,所以仍然使用之前的表结构,如图 6-5-11 所示。

图 6-5-10 实验结果

boy_id	boy	toy_id		boy_id	boy
1	Davry	3		1	hula hoop
2	Bobby	5		2	baisa glider
3	Beaver	2		3	toy_soldilers
4	Richie	1		4	harmonica
				5	baseball cards

图 6-5-11 左外连接

现在利用左外连接找出每个男孩拥有的玩具:

```
1 SELECT b.boy,t.toy
2 FROM boys b
3 LEFT OUTER JOIN toys t
4 ON b.toy_id = t.toy_id;
```

LEFT OUTER JOIN 左边的表 boys 称为左表,右边的 toys 称为右表,所以 LEFT OUTER JOIN 会取得左表 boys 的所有行和右表的 toys 的行进行匹配,实验结果如图 6-5-12 所示。

查询结果和使用内连接时一样,如图 6-5-13 所示,改变左表 boys 的表结构。

boy	toy
Richie	hula hoop
Beaver	balsa glider
Davey	toy_soldiers
Bobby	baseball cards

4 rows in set (0.00 sec)

boy_id	boy	toy_id
1	Davry	3
2	Bobby	5
3	Beaver	2
4	Richie	1
5	Andy	6

boy_id	boy
1	hula hoop
2	baisa glider
3	toy_soldiers
4	harmonica
5	baseball cards

图 6-5-12 实验结果 　　　　图 6-5-13 改变一下左表 boys 的表结构

向 boys 中新添加了一个 Andy,把 toy_id 设置为 6。接下来再次运行上述程序,如图 6-5-14 所示。

注意: 6 在 toys 表中没有对应的玩具。

如果出现了一个 NULL,NULL 是告诉右表 toys 中没有与左表 boys 中的 Andy 相匹配的行,也就是说,外连接一定会提供数据行,无论还能否在另一个表中找出相匹配的行。

接着做个实验,调换左表和右表的顺序,实验结果如图 6-5-15 所示。

```
1 SELECT b.boy,t.toy
2 FROM toys t
3 LEFT OUTER JOIN boys b
4 ON b.toy_id = t.toy_id;
```

boy	toy
Richie	hula hoop
Beaver	balsa glider
Davey	toy_soldiers
Bobby	baseball cards
Andy	NULL

5 rows in set (0.00 sec)

boy	toy
Davey	toy_soldiers
Bobby	baseball cards
Beaver	balsa glider
Richie	hula hoop
NULL	harmonica

5 rows in set (0.00 sec)

图 6-5-14 运行程序结果 　　　　图 6-5-15 调换左表和右表的顺序

8. 笛卡儿积 JOIN

在数学中,两个集合 X 和 Y 的笛卡儿积(Cartesian product),又称直积,表示为 X × Y,是其第一个对象是 X 的成员而第二个对象是 Y 的一个成员的所有可能的有序对。

假设集合 A = {a,b},集合 B = {0,1,2},则两个集合的笛卡儿积为 {(a,0),(a,1),(a,2),(b,0),(b,1),(b,2)}。

类似的例子有,如果 A 表示某学校学生的集合,B 表示该学校所有课程的集合,则 A 与 B 的笛卡儿积表示所有可能的选课情况。A 表示所有声母的结合 B 表示所有韵母的集合,那么 A 和 B 的笛卡儿积就为所有可能的汉字全拼。

示例,给出三个域:

```
D1 = SUPERVISOR = {张清玫,刘逸 }
D2 = SPECIALITY = {计算机专业,信息专业}
D3 = POSTGRADUATE = {李勇,刘晨,王敏}
```

则 D1,D2,D3 的笛卡儿积为 D:

```
D = D1 × D2 × D3 =
{(张清玫,计算机专业,李勇),(张清玫,计算机专业,刘晨),
(张清玫,计算机专业,王敏),(张清玫,信息专业,李勇),
(张清玫,信息专业,刘晨),(张清玫,信息专业,王敏),
(刘逸,计算机专业,李勇),(刘逸,计算机专业,刘晨),
(刘逸,计算机专业,王敏),(刘逸,信息专业,李勇),
(刘逸,信息专业,刘晨),(刘逸,信息专业,王敏)}
```

这样就把 D1、D2、D3 这三个集合中的每个元素加以对应组合,形成庞大的集合群。本例子中的 D 中就会有 2×2×3 个元素,如果一个集合有 1000 个元素,有这样 3 个集合,它们的笛卡儿积所组成的新集合会达到十亿个元素。假若某个集合是无限集,那么新的集合就将是有无限个元素。

9. map-side-join

map-side-join,如图 6-5-16 所示。

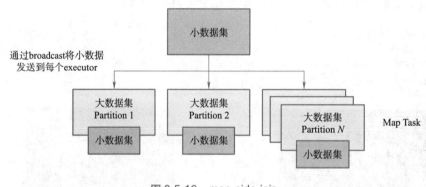

图 6-5-16　map-side-join

任务实施

本任务主要涉及 JOIN 语句,使学生学完知识学习后对 JOIN 语句有了更深层次地了解。

创建表格员工表 e、部门表 d。员工表包括字段:empno、ename。部门表中包括字段:deptno、dname(员工表和部门表中的部门编号相等)。

(1)等值 JOIN

根据员工表和部门表中的部门编号相等,查询员工编号、员工名称和部门编号;

```
hive(default) > select e. empno,e. ename,d. deptno,d. dname fromtest e
join dept d on e. deptno = d. deptno;
```

(2)表的别名

合并员工表和部门表:

```
hive(default) > select e. empno,e. ename,d. deptno fromtest e
join dept d on e. deptno = d. deptno;
```

注意:使用别名可以简化查询,而且使用表名前缀可以提高执行效率。

（3）内连接

内连接：只有进行连接的两个表中都存在与连接条件相匹配的数据才会被保留下来。

```
hive(default)>select e.empno,e.ename,d.deptno fromtest e
join dept d on e.deptno=d.deptno;
```

（4）左外连接

左外连接：JOIN 操作符左边表中符合 WHERE 子句的所有记录将会被返回。

```
hive(default)>select e.empno,e.ename,d.deptno fromtest e left
join dept d on e.deptno=d.deptno;
```

（5）右外连接

右外连接：JOIN 操作符右边表中符合 WHERE 子句的所有记录将会被返回。

```
hive(default)>select e.empno,e.ename,d.deptno fromtest e
right join dept d on e.deptno=d.deptno;
```

（6）满外连接（FULL OUTER JOIN）

满外连接：将会返回所有表中符合 WHERE 语句条件的所有记录。如果任一表的指定字段没有符合条件的值的话，那么就使用 NULL 值替代。

```
hive(default)>select e.empno,e.ename,d.deptno fromtest e
full join dept d on e.deptno=d.deptno;
```

（7）多表连接

准备数据 location.txt，如表 6-5-3 所示。

表 6-5-3　location.txt

1700	Beijing
1800	London
1900	Tokyo

创建位置表：

```
hive(default)>   create table if not exists default.location(loc int,loc_name
 string)row format delimited fields terminated by '\t';
```

导入数据：

```
hive(default)>load data local inpath '/opt/module/datas/location.txt'
into table default.location;
```

多表连接查询：

```
hive(default)>select e.ename,d.deptno,l.loc_name from  emp e join
  deptd on   d.deptno=e.deptno join  location lon   d.loc=l.loc;
```

注意：大多数情况下，Hive 会对每对 JOIN 连接对象启动一个 MapReduce 任务。本例中，会首先启动一个 MapReduce job 对表 e 和表 d 进行连接操作，然后会再启动一个 MapReduce job，将第一个 MapReduce job 的输出和表 l 进行连接操作。为什么不是表 d 和表 l 先进行连接操作呢？这是因为 Hive 总是按照从左到右的顺序执行的，而且连接 n 个表，至少需要 $n-1$ 个连接条件。例如，连接三个表，至少需要两个连接条件。

（8）笛卡儿积 JOIN

```
hive(default) > select empno,deptno from emp,dept;
FAILED:SemanticException Column deptno Found in more than One Tables/Subqueries
```

同步训练

【实训题目】

使用 JOIN 进行优化、使用 JOIN 语句。

【实训目的】

①掌握几种 JOIN 语句。

②了解 JOIN 优化。

【实训内容】

①使用 JOIN 语句。

②使用 JOIN 进行优化。

▌■ 单元小结

通过本单元对 HiveQL 的使用，使学生了解 HiveQL 的相关概念和作用。尤其在 SELECT、FROM 语句的方面，有了更加清晰地认识。在对 GROUP BY、抽样查询、WHERE 语句、JOIN 语句中，加深学生对 HiveQL 的使用，在接下来的单元中将对 Hive 和企业接轨进行讲解。

单元 7
Hive综合应用

微课

单元 7
Hive 实例

学习目标

【知识目标】
- 学习使用 MapReduce 弹性的原因。
- 理解 Hive 和亚马逊网络服务关系。
- 学习 Hive 和企业接轨的注意事项。

【能力目标】
- 学会弹性 MapReduce 的增、删、改操作。
- 学会研究 EMR 的实例。
- 学会 Hive 综合实例的探索式学习方法。

学习情境

亚马逊是美国最大的一家网络电子商务公司,位于华盛顿州的西雅图,是网络上最早开始经营电子商务的公司之一。亚马逊成立于 1995 年,一开始只经营网络的书籍销售业务,现在则扩及了范围相当广的其他产品,已成为全球商品品种最多的网上零售商和全球第二大互联网企业。在公司名下,也包括了 Alexa Internet(是亚马逊公司的一家子公司)、a9(亚马逊搜索算法的名称,Product Search 是 a9 的官网)、lab126(亚马逊硬件设备中国实验室)和互联网电影数据库(Internet Movie Database,IMDB)等子公司。亚马逊及其他销售商为客户提供数百万种独特的全新、翻新及二手商品,如图书、影视、音乐和游戏、数码下载、电子和计算机、家居园艺用品、玩具、婴幼儿用品、食品、服饰、鞋类和珠宝、健康和个人护理用品、体育及户外用品、玩具、汽车及工业产品等。

下面来一起学习 Hive 和亚马逊网络服务系统。

任务 7.1 Hive 和亚马逊网络服务系统(AWS)

任务描述

掌握 Hive 网络服务系统和亚马逊服务系统,更深入地了解 EMR 上的持久层、元数据存储以及 EMR 集群 HDFS 和 S3。

知识学习

1. 弹性 MapReduce 的优点

弹性 MapReduce 性价比高,而且其由 Amazon 来安装和维护。

一个 Amazon 集群由一个或者多个实例组成。每种实例大小不同,会有不同的 RAM,提供不同的计算能力、平台和 I/O 处理能力、存储空间。

2. 注意事项

在使用 Amazon EMR 之前,用户需要先设置一个 Amazon Web Services(AWS)账号,在"Amazon EMR"开始指南中提供了如何注册一个 AWS 账号的操作说明。

3. EMR 上的实例

每个 Amazon 集群都具有一个或者多个节点。每个节点都可以放入到如下三种实例组中的一组中。

(1)管理者实例组

这个实例组只含有一个节点,称之为管理者节点。这个管理者节点和 Hadoop 的 master 节点功能是相同的。其上面运行着 NameNode 和 JobTracker 守护进程,不过这上面还安装有 Hive。另外,其上还安装有一个 MySQL 服务器,其被配置为 EMR Hive 的元数存储。

(2)核心实例组

核心实例组中的节点和 Hadoop slave 节点具有相同的功能,会同时启动 DataNode 和 TaskTracker 守护进程。这些节点用于 MapReduce 任务计算,同时也用于 HDFS 存储。

(3)任务(task)实例组

这是一个可选的实例组。在本组中的节点同样具有 Hadoop 中 salve 节点的功能。不过,它们只执行 TaskTracker 进程。因此,这些节点用于 MapReduce 任务(task),但无法用于存储 HDFS 数据块。集群启动后,任务(task)实例组内的节点个数可能有时增加,有时减少。

任务实施

本任务主要介绍 EMR 案例、部署 Hive 文件、Hiverc 脚本练习,使学生了解 hive-sitr. xml 文件、EMR 上的持久层、元数据存储以及 EMR 集群上的 HDFS 和 S3。

1. 部署 hive-sitr. xml 文件

为了重载 hive-site. xml 文件,首先需要上传用户自定义 hive-site. xml 文件到 S3 中。假设其已经上传到 S3 中如下路径:s3n://example. hive. oreilly. com/tables/hive_site. xml。

如果用户是使用 SDK 来分割集群的话,那么可以使用合适的方法来重载 hive-site. xml 文件。在引导程序之后,用户需要 2 个配置步骤。其一是安装 Hive,其二是部署 hive-site. xml 文件。

2. 部署 . hiverc 脚本

对于 . hiverc,用户同样需要先将其上传到 S3 中,然后用户可以使用配置过程或者在引导程序来将这个文件部署到集群中。

注意:hiverc 可以部署到用户根目录下,或者部署在 Hive 安装目录下的 bin 目录下。

3. 建立一个内存密集型配置

如果用户执行的是一个内存密集型的任务(Job),Amazon 提供了一些预定义的引导程序动作可用于调优 Hadoop 配置参数。

4. EMR 上的持久层和元数据存储

EMR Hive 使用 MySQL 服务器作为元数据存储。当这个集群被用户终止后,所有存在节点上的数据也将会被清空,这通常是不可接受的。因为用户需要将表模式等信息保持在一个稳固的元数据存储上。用户选取使用如下多种方法中的一种来绕过这个限制。

(1)使用 EMR 集群外的稳固的元数据存储

用户可以选用基于 MySQL 的 Amazon RDS(关系型数据服务),或者其他内部数据库服务器来作为元数据存储。

(2)使用初始化脚本

用户可以将类似如下的创建表语句保存在名为 startup. q 的文件中:

```
CREATE EXTERNAL TABLE IE NOT EXISTS emr_table(id INT,value STRING)
PARTITIONED BY(dt STRING)
LOCATION's3n://example. hive. oreilly. com/tables/emr_table';
ALTER TABLE emr_table RECOVER PARTITIONS;
```

(3)在 S3 上进行 MySQL dump 操作

在集群终止之前对元数据存储进行备份,在下一个工作流开始时恢复到元数据存储中。

5. EMR 集群的 HDFS 和 S3

在 EMR 集群中 HDFS 和 S3 都有其独特的角色。当集群终止后其上所有的数据都会被清除掉。因为 HDFS 是由核心实例组中的临时存储节点组成的,所以当集群终止后 HDFS 上存储的数据会全部丢失。

6. 在 S3 上部署资源、配置和辅助程序脚本

用户需要将所有的初始化脚本、配置脚本、资源文件等上传到 S3 中。

例如,用户可以将如下几行命令增加到 . hiverc 文件中,其可以正常执行:

```
ADD FILE s3n://example. hive. oreilly. com/files/my file. txt;
ADD JAR s3n://example. hive. oreilly. com/jars/udfs. jar;
CREATE TEMPORARY FUNCTIONmy_countAS'com. oreilly. hive. example. MyCount';
```

7. S3 上的日志

Amazon EMR 会将日志写入到 log-uri 字段所指向的 S3 路径下。其中包含有集群引导程序动作所产生的日志和在不同的集群节点上执行的守护进程所产生的日志。

8. 进行销售

销售业务允许用户随着需求的变化获得更低的价格来使用 Amazon 实例。

如果用户使用 JavaSDK 划分一个微集群的话,那么可以使用下面的 GroupConfig 实例配置管理者、核心和任务实例组:

```
InstanceGroupConfigmasterConfig = new InstanceGroupConfig()
.withInstanceCount(1)
.withInstanceRole("MASTER")
.withInstanceType("ml. large");
InstanceGroupConfigcoreConfig = new InstanceGroupConfig()
.withInstanceCount(2)
```

```
.withInstanceRole("CORE")
.withInstanceType("m1.small1");
InstanceGroupConfigtaskConfig = new InstanceGroupConfig()
.withInstanceCount(2)
.withInstanceRole("TASK")
.withInstanceType("m1.small")
.withMarket("SPOT")
.withBidprice("0.05");
```

9. 安全组

Hadoop 的 JobTracker 和 NameNode 用户接口可以在 EMRmaster 节点上分别在端口 9100 和 9101 上被访问到。

10. EMR 和 EC2 以及 Apache Hive 的比较

对于 EMR 的一个弹性的替代方式就是引入多个 Amazon EC2 节点,并将 Hadoop 和 Hive 安装在一个定制的 Amazon 机器映像(AMI)中。

通过增加如下配置到 hive-site.xml 文件中,可以开启此优化:

```
<property>
<name>hive.optimize.s3.query</name>
<value>true</value>
<description>Improves Hive query performance for Amazon S3 queries by reducing their start up time</description>
</property>
```

同样地,也可也在 HiveCLI 中执行如下命令启用此功能:

```
set hive.optimize.s3.query = true;
```

下面是一个创建表的语句,供参考:

```
cretae external table test_table(id int,value string)partitioned by(dt string)
location 's3n://example.hive.oreilly.com/tables/test_table';
```

11. 封装

Amazon EMR 提供了一个弹性的、可扩展的、安装配置简单的方式来搭建一个 Hadoop 和 Hive 集群,启动机器就可以执行查询。

（1）使用初始化脚本

```
Create external table ie not exits test_table(id int,value string)partitioned by
(dt string)location 's3n://example.hive.oreilly.com/tables/test_table';
alter table test_table recover partitions;
```

（2）用户使用 JavaSDK 划分一个微集群

```
InstanceGroupConfig masterConfig = new InstanceGroupConfig()
.withInstanceCount(1)
.withInstanceRole("MASTER")
.withInstanceType("m1.large");
InstanceGroupConfig coreConfig = new InstanceGroupConfig()
.withInstanceCount(2)
.withInstanceRole("CORE")
```

```
.withInstanceType("m1. small");
InstanceGroupConfig taskConfig = new InstanceGroupConfig()
.withInstanceCount(2)
.withInstanceRole("TASK")
.withInstanceType("m1. small")
.withMarket("SPOT")
.withBidprice("0.05");
```

同步训练

【实训题目】

使用弹性 MapReduce,并完成部署 Hive 文件。

【实训目的】

掌握 EMR 上的持久层和元数据存储以及 EMR 集群额 HDFS 和 S3。

【实训内容】

①部署 Hive 文件。

②练习 EMR 上的实例。

任务7.2 Hive 综合案例

任务描述

熟练掌握 Hive 的应用,掌握 Hive 表格的增、删、改、查,了解 Hive 交易数据的过程。

知识学习

1. Hive 操作演示

(1)内部表

①创建表。

启动 HDFS、YARN、Hive,启动完 Hive 之后创建 Hive 数据库,如果已经创建好了就可以查看并应用它:

```
Hive > show tables;
Hive > use default;
Hike > use default;
OK
Time take:5. 005 seconds
Hive > desc names;
OK
Table names does not exist
Time taken:0. 645 seconds
Hive > show tables;
OK
Name2
Names1
Time taken:0. 137 seconds
```

也可以创建数据库:

```
Hive > create database testdb;
Hive > show database;
Hive > use hive;
```

②创建内部表。

由于 Hive 使用了类似于 SQL 的语法,所以创建内部表的语句相对于 SQL 只增加了行和字段分隔符。

在 testdb 数据库中创建一个名为 names 的表并在表中添加其结构:

```
Create table names( id int,name string,age int,number string)
Row format delimited fields terminated by ' \t'
Stored as textfile;
Hive > create table names(id int,
    > name string,
    > age int,
    > number string)
    > row format delimited
    > fields terminated by ' \t'
    > lines terminated by ' \n';
OK
Time taken:0. 045 seconds
```

③加载数据。

数据文件可以从 HDFS 或本地操作系统中加载到表中,如果加载 HDFS 文件可以使用 LOAD DATA INPATH 命令,而加载本地操作系统文件使用 LOAD DATA LOCAL INPATH 命令。Hive 表保存的默认路径在 $ {HIVE_HOME}/conf/hive-site 上,当创建表时,会在 hive. metastore. warehouse. dir 指向目录下以表名创建一个文件夹。在本演示中表默认指向的是/user/hive/warehouse。数据文件在本地操作系统将复制到表对应的目录下,而数据文件在 HDFS 中,数据文件将移动到表对应的目录下,原来的目录将不存在该文件。

注意:向表中插入数据(Hive 不支持 insert into 的插入形式),如图 7-2-1 所示。

```
hive> load data local inpath  '/simple/name2. csv/' overwrite into table names;
Copying data from file:/simple/name2. csv
Copying file:  file:/simple/name2. csv
Loading data to table default. names
rmr: DEPRECATED: Please use 'rm -r' instead.
Deleted /user/hive/warehouse/names
OK
Time taken: 0. 212 seconds
```

图 7-2-1   向表中插入数据

```
hive > load data local inpath 'simple/name2. csv' overwrite into table name;
```

加了 overwrite 数据将会被覆盖,如果只是在后面追加数据则不要加 overwrite。

④查询数据。

可以用 count 关键字查寻问价的行数,查询时会启动 MapReduce 进行计算,Map 的个数一般和数据分片个数对应,如图 7-2-2 所示。

图 7-2-2　查询数据

查看表中"age",如图 7-2-3 所示。

```
hive > select age from names;
```

图 7-2-3　查看表中"age"

将表中年龄大于 20 岁的内容提取出来,并且建立一个名为 nametwo 的新表内容并且结构与 names 完全一致。查看 name,如图 7-2-4 所示。

```
hive> create table nametwo as select * from names where age>20;
Total MapReduce jobs = 2
Launching Job 1 out of 2
Number of reduce tasks is set to 0 since there's no reduce operator
18/10/11 13:01:58 INFO Configuration.deprecation: mapred.job.name is deprecated.
 Instead, use mapreduce.job.name
18/10/11 13:01:58 INFO Configuration.deprecation: mapred.system.dir is deprecate
d. Instead, use mapreduce.jobtracker.system.dir
18/10/11 13:01:58 INFO Configuration.deprecation: mapred.local.dir is deprecated
 Instead, use mapreduce.cluster.local.dir
WARNING: org.apache.hadoop.metrics.jvm.EventCounter is deprecated. Please use or
g.apache.hadoop.log.metrics.EventCounter in all the log4j.properties files.
Execution log at: /tmp/root/root_20181011130101_1d9d9af0-5cef-41d1-bc6e-a5504944
e57a.log
SLF4J: Class path contains multiple SLF4J bindings.
SLF4J: Found binding in [jar:file:/simple/hadoop-2.7.2/share/hadoop/common/lib/s
lf4j-log4j12-1.7.10.jar!/org/slf4j/impl/StaticLoggerBinder.class]
SLF4J: Found binding in [jar:file:/simple/hive-0.9.0/lib/slf4j-log4j12-1.6.1.jar
!/org/slf4j/impl/StaticLoggerBinder.class]
SLF4J: See http://www.slf4j.org/codes.html#multiple_bindings for an explanation.
SLF4J: Actual binding is of type [org.slf4j.impl.Log4jLoggerFactory]
Job running in-process (local Hadoop)
Hadoop job information for null: number of mappers: 1; number of reducers: 0
2018-10-11 13:02:08,516 null map = 0%,   reduce = 0%
2018-10-11 13:02:12,953 null map = 100%,   reduce = 0%, Cumulative CPU 0.87 sec
2018-10-11 13:02:13,992 null map = 100%,   reduce = 0%, Cumulative CPU 0.87 sec
2018-10-11 13:02:15,031 null map = 100%,   reduce = 0%, Cumulative CPU 0.87 sec
MapReduce Total cumulative CPU time: 870 msec
Ended Job = job_1539232185995_0003
Execution completed successfully
Mapred Local Task Succeeded . Convert the Join into MapJoin
Ended Job = 57861162, job is filtered out (removed at runtime).
Moving data to: hdfs://simple02:9000/tmp/hive-root/hive_2018-10-11_13-01-57_743_
1375099428136985585/-ext-10001
Moving data to: hdfs://simple02:9000/user/hive/warehouse/nametwo
Table default.nametwo stats: [num_partitions: 0, num_files: 1, num_rows: 0, tota
l_size: 124, raw_data_size: 0]
OK
Time taken: 17.719 seconds
```

图 7-2-4　查看表格中的 name 一列

查看表格 nametwo 中所有的数据（见图 7-2-5）：

```
hive > select * from nametwo;
```

```
hive> select * from nametwo;
OK
1      "Zhangsan"      27      "X20170103"
2      "Lefi"  26      "X20160708"
3      "Wangwu"        22      "X20000101"
5      "Jingba"        201     "NULL"
8      "Wuxi"  29      "X20970809"
Time taken: 0.101 seconds
hive>
```

图 7-2-5　查看数据

⑤包含 baidu 的数据。

可以用 like 关键字进行模糊查询，Map 的个数一般和数据分片个数对应，如图 7-2-6 所示。

```
hive > select count(* )from SOGOUQ2 website '% baidu% ';
```

查询结果排名第一，点击次序排名第二，其中 url 包含 baidu 的数据，如图 7-2-7、图 7-2-8
所示。

```
hive > select count(* )from SOGOUQ2 where S_SEQ = 2 and C_SEQ = 2 AND
And website '% baidu% ';
```

```
hive> select count(*) from SOGOUQ2 where WEBSITE like '%baidu%';
Total jobs = 1
Launching Job 1 out of 1
Number of reduce tasks determined at compile time: 1
In order to change the average load for a reducer (in bytes):
  set hive.exec.reducers.bytes.per.reducer=<number>
In order to limit the maximum number of reducers:
  set hive.exec.reducers.max-<number>
In order to set a constant number of reducers:
  set mapreduce.job.reduces=<number>
Starting Job = job_1437639210711_0002, Tracking URL = http://hadoop1:8088/proxy/application_14376392
10711_0002/
Kill Command = /app/hadoop/hadoop-2.2.0/bin/hadoop job  -kill job_1437639210711_0002
Hadoop job information for Stage-1: number of mappers: 2; number of reducers: 1
2015-07-23 16:21:36,381 Stage-1 map = 0%,  reduce = 0%
2015-07-23 16:22:36,978 Stage-1 map = 0%,  reduce = 0%, Cumulative CPU 55.99 sec
2015-07-23 16:22:45,662 Stage-1 map = 50%,  reduce = 0%, Cumulative CPU 60.79 sec
2015-07-23 16:22:51,964 Stage-1 map = 100%,  reduce = 0%, Cumulative CPU 72.75 sec
2015-07-23 16:22:58,376 Stage-1 map = 100%,  reduce = 100%, Cumulative CPU 74.66 sec
MapReduce Total cumulative CPU time: 1 minutes 14 seconds 660 msec
Ended Job = job_1437639210711_0002
MapReduce Jobs Launched:
Job 0: Map: 2  Reduce: 1   Cumulative CPU: 74.66 sec   HDFS Read: 217572931 HDFS Write: 7 SUCCESS
Total MapReduce CPU Time Spent: 1 minutes 14 seconds 660 msec
OK
260085
Time taken: 94.417 seconds, Fetched: 1 row(s)
```

图 7-2-6　包含 baidu 的数据

```
hive> select count(*) from SOGOUQ2  where S_SEQ=1 and C_SEQ=2 and WEBSITE like '%baidu%';
Total jobs = 1
Launching Job 1 out of 1
Number of reduce tasks determined at compile time: 1
In order to change the average load for a reducer (in bytes):
  set hive.exec.reducers.bytes.per.reducer=<number>
In order to limit the maximum number of reducers:
  set hive.exec.reducers.max=<number>
In order to set a constant number of reducers:
  set mapreduce.job.reduces=<number>
Starting Job = job_1437639210711_0003, Tracking URL = http://hadoop1:8088/proxy/application_14376392
10711_0003/
Kill Command = /app/hadoop/hadoop-2.2.0/bin/hadoop job  -kill job_1437639210711_0003
Hadoop job information for Stage-1: number of mappers: 2; number of reducers: 1
2015-07-23 16:25:11,685 Stage-1 map = 0%,  reduce = 0%
2015-07-23 16:25:51,386 Stage-1 map = 100%,  reduce = 0%, Cumulative CPU 15.96 sec
2015-07-23 16:26:16,202 Stage-1 map = 100%,  reduce = 100%, Cumulative CPU 18.85 sec
MapReduce Total cumulative CPU time: 18 seconds 850 msec
Ended Job = job_1437639210711_0003
MapReduce Jobs Launched:
Job 0: Map: 2  Reduce: 1   Cumulative CPU: 18.85 sec   HDFS Read: 217572931 HDFS Write: 5 SUCCESS
Total MapReduce CPU Time Spent: 18 seconds 850 msec
OK
5024
Time taken: 83.077 seconds, Fetched: 1 row(s)
```

图 7-2-7　查询结果（1）

Job Overview						
Job Name:	select count(*) from SOGOUQ2 wh...'%baidu%'(Stage-1)					
State:	RUNNING					
Uberized:	false					
Started:	Thu Jul 23 16:25:10 CST 2015					
Elapsed:	1mins, 2sec					

ApplicationMaster						
Attempt Number		Start Time			Node	Logs
1		Thu Jul 23 16:25:03 CST 2015			hadoop1:8042	logs

Task Type	Progress		Total	Pending	Running	Complete
Map			2	0	0	2
Reduce			1	0	1	0
Attempt Type	New	Running	Failed	Killed	Successful	
Maps	0	0	0	0	2	
Reduces	0	1	0	0	0	

图 7-2-8　查询结果（2）

（2）外部表

①创建外部表存放数据目录。

在 HDFS 创建外部表存放数据目录，如图 7-2-9 所示。

```
$ hadoop fs-mkdir-p/class5/sogouq1
$ hadoop fs-ls/class5
```

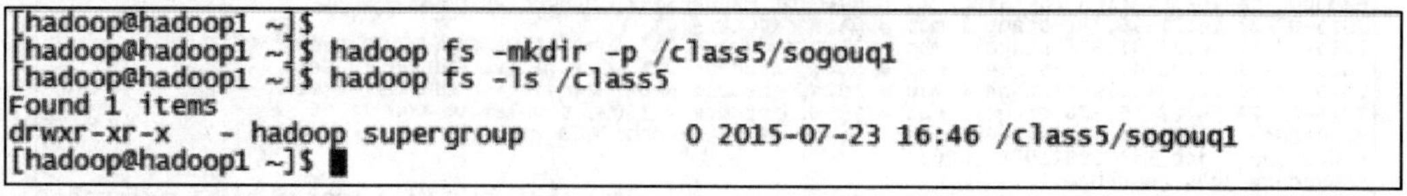

```
[hadoop@hadoop1 ~]$
[hadoop@hadoop1 ~]$ hadoop fs -mkdir -p /class5/sogouq1
[hadoop@hadoop1 ~]$ hadoop fs -ls /class5
Found 1 items
drwxr-xr-x   - hadoop supergroup          0 2015-07-23 16:46 /class5/sogouq1
[hadoop@hadoop1 ~]$
```

图 7-2-9　创建外部表

②在 Hive 中创建外部表，指定表存放目录：

```
hive > CREATE EXTERNAL TABLE SOGOUQ1 (DT STRING,WEBSESSION
  STRING,WORD STRING,S_SEQ INT,C_SEQ INT,WEBSITE STRING)ROW FORMAT DELIMITED FIELDS
TERMINATED BY'\t'LINES TERMINATED BY '\n' STORED AS TEXTHILE LOCATION 'class5/sogouq1';
hive > show tables;
```

观察下创建表和外部表的区别，会发现创建外部表多了 external 关键字以及指定了对应存放文件夹 location'calss5/sogouq1'，如图 7-2-10 所示。

注意：在删除表的时候，内部表将删除表的元数据和数据文件；而删除外部表的时候，仅仅删除外部表的元数据，不删除数据文件。

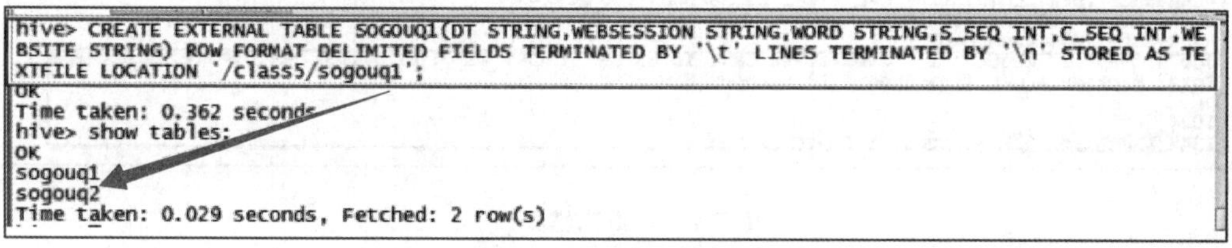

```
hive> CREATE EXTERNAL TABLE SOGOUQ1(DT STRING,WEBSESSION STRING,WORD STRING,S_SEQ INT,C_SEQ INT,WE
BSITE STRING) ROW FORMAT DELIMITED FIELDS TERMINATED BY '\t' LINES TERMINATED BY '\n' STORED AS TE
XTFILE LOCATION '/class5/sogouq1';
OK
Time taken: 0.362 seconds
hive> show tables;
OK
sogouq1
sogouq2
Time taken: 0.029 seconds, Fetched: 2 row(s)
```

图 7-2-10　在 Hive 中创建外部表

③加载数据文件到外部表对应的目录中。

创建 Hive 外部表关联数据文件有两种形式，一种是把外部表数据位置直接关联到数据文件所在目录上，这种方式适合数据文件已经在 HDFS 存在，另外一种方式是创建表时指定外部表数据目录，随后把数据加载到该目录上。以下以第二种方式进行演示，如图 7-2-11 所示。

```
$ hadoop fs-copyFromlocal/home/hadoop/upload/sogou/sogouQ1.txt
/class5/sogouq1/
$ hadoop fs-ls/class5/sogouq1
$ hadoop fs-tail/class5/sogouq1/sogouQ1.txt
```

查询行数，如图 7-2-12 所示。

```
hive > select count(* )from SOGOUQ1;
```

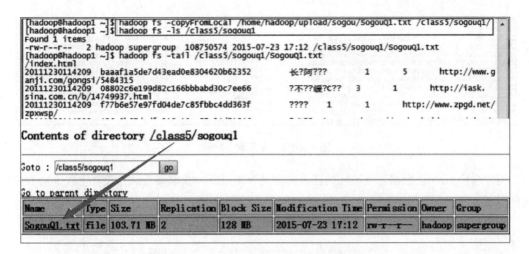

```
[hadoop@hadoop1 ~]$ hadoop fs -copyFromLocal /home/hadoop/upload/sogou/SogouQ1.txt /class5/sogouq1/
[hadoop@hadoop1 ~]$ hadoop fs -ls /class5/sogouq1
Found 1 items
-rw-r--r--   2 hadoop supergroup 108750574 2015-07-23 17:12 /class5/sogouq1/SogouQ1.txt
[hadoop@hadoop1 ~]$ hadoop fs -tail /class5/sogouq1/SogouQ1.txt
/index.html
20111230114209  baaaf1a5de7d43ead0e8304620b62352        长?阿???           1    5     http://www.g
anji.com/gongsi/5484315
20111230114209  08802c6e199d82c166bbbabd30c7ee66        ?不??缓?C??   3    1     http://iask.
sina.com.cn/b/14749937.html
20111230114209  f77b6e57e97fd04de7c85fbbc4dd363f        ????    1    1     http://www.zpgd.net/
zpxwsp/
```

Contents of directory /class5/sogouq1

Goto : /class5/sogouq1   go

Go to parent directory

Name	Type	Size	Replication	Block Size	Modification Time	Permission	Owner	Group
SogouQ1.txt	file	103.71 MB	2	128 MB	2015-07-23 17:12	rw-r--r--	hadoop	supergroup

图 7-2-11　加载数据文件到外部表对应的目录中

```
hive> select count(*) from SOGOUQ1;
Total jobs = 1
Launching Job 1 out of 1
Number of reduce tasks determined at compile time: 1
In order to change the average load for a reducer (in bytes):
  set hive.exec.reducers.bytes.per.reducer=<number>
In order to limit the maximum number of reducers:
  set hive.exec.reducers.max=<number>
In order to set a constant number of reducers:
  set mapreduce.job.reduces=<number>
Starting Job = job_1437639210711_0004, Tracking URL = http://hadoop1:8088/proxy/application_14376392
10711_0004/
Kill Command = /app/hadoop/hadoop-2.2.0/bin/hadoop job  -kill job_1437639210711_0004
Hadoop job information for Stage-1: number of mappers: 1; number of reducers: 1
2015-07-23 17:15:07,235 Stage-1 map = 0%,  reduce = 0%
2015-07-23 17:15:20,994 Stage-1 map = 100%,  reduce = 0%, Cumulative CPU 4.33 sec
2015-07-23 17:15:32,290 Stage-1 map = 100%,  reduce = 100%, Cumulative CPU 6.72 sec
MapReduce Total cumulative CPU time: 6 seconds 720 msec
Ended Job = job_1437639210711_0004
MapReduce Jobs Launched:
Job 0: Map: 1  Reduce: 1   Cumulative CPU: 6.72 sec   HDFS Read: 108750774 HDFS Write: 8 SUCCESS
Total MapReduce CPU Time Spent: 6 seconds 720 msec
OK
1000000
Time taken: 41.9 seconds, Fetched: 1 row(s)
```

			Job Overview
Job Name:	select count(*) from SOGOUQ1(Stage-1)		
State:	RUNNING		
Uberized:	false		
Started:	Thu Jul 23 17:15:05 CST 2015		
Elapsed:	15sec		

ApplicationMaster

Attempt Number	Start Time	Node	Logs
1	Thu Jul 23 17:14:59 CST 2015	hadoop3:8042	logs

Task Type	Progress	Total	Pending	Running	Complete
Map		1	0	0	1
Reduce		1	1	0	0

Attempt Type	New	Running	Failed	Killed	Successful
Maps	0	0	0	0	1
Reduces	1	0	0	0	0

图 7-2-12　查询行数

显示前 10 行,如图 7-2-13 所示。

```
hive > select * from SOGOUQ1 limit 10;
```

```
hive> select * from SOGOUQ1 limit 10;
OK
20111230000005  57375476989eea12893c0c3811607bcf    ??????? 1      1         http://www.qiyi.com/
20111230000005  66c5bb7774e31d0a22278249b26bc83a    ????????? 3    1              http://www.booksky.org/B
20111230000007  b97920521c78de70ac38e3713f524b50    ???????? 1     1         http://www.bblianmeng.co
20111230000008  6961d0c97fe93701fc9c0d861d096cd9    ????????????????? 1    1          http://lib.scnu.edu.cn/
20111230000008  f2f5a21c764aebde1e8afcc2871e086f    ??????? 2      1         http://proxyie.cn/
20111230000009  96994a0480e7e1edcaef67b20d8816b7    ????? 1        1         http://movie.douban.com/review/1
20111230000009  698956eb07815439fe5f46e9a4503997    youku 1        1         http://www.youku.com/
20111230000009  599cd26984f72ee68b2b6ebefccf6aed    ??????365??????? 1     1         http://hf.house365.com/
20111230000010  f577230df7b6c532837cd16ab731f874    ??????????? 1    1             http://www.kz321.com/
20111230000010  285f88780dd0659f5fc8acc7cc4949f2    IQ???? 1       1         http://www.iqshuma.com/
Time taken: 0.122 seconds, Fetched: 10 row(s)
```

图 7-2-13　显示前 10 行

可以看出 Hive 会根据查询不同的任务决定是否生成 Job,获取前十条并没有生成 Job,而且得到数据后直接进行显示。

查询结果排名第一,点击次序排名第二的数据,如图 7-2-14 所示。

hive > select count(*)from SOGOUQ1 where S_SEQ = 1 and C_SEQ = 2;

```
hive> select count(*) from SOGOUQ1 where S_SEQ=1 and C_SEQ=2;
Total jobs = 1
Launching Job 1 out of 1
Number of reduce tasks determined at compile time: 1
In order to change the average load for a reducer (in bytes):
  set hive.exec.reducers.bytes.per.reducer=<number>
In order to limit the maximum number of reducers:
  set hive.exec.reducers.max=<number>
In order to set a constant number of reducers:
  set mapreduce.job.reduces=<number>
Starting Job = job_1437639210711_0005, Tracking URL = http://hadoop1:8088/proxy/application_1437639
Kill Command = /app/hadoop/hadoop-2.2.0/bin/hadoop job  -kill job_1437639210711_0005
Hadoop job information for Stage-1: number of mappers: 1; number of reducers: 1
2015-07-23 17:17:31,207 Stage-1 map = 0%,  reduce = 0%
2015-07-23 17:17:45,461 Stage-1 map = 100%,  reduce = 0%, Cumulative CPU 6.76 sec
2015-07-23 17:17:57,270 Stage-1 map = 100%,  reduce = 100%, Cumulative CPU 9.02 sec
MapReduce Total cumulative CPU time: 9 seconds 20 msec
Ended Job = job_1437639210711_0005
MapReduce Jobs Launched:
Job 0: Map: 1  Reduce: 1   Cumulative CPU: 9.02 sec   HDFS Read: 108750774 HDFS Write: 6 SUCCESS
Total MapReduce CPU Time Spent: 9 seconds 20 msec
OK
19771
Time taken: 40.659 seconds, Fetched: 1 row(s)
```

						Job Overview
Job Name:	select count(*) from SOGOUQ1 where...C_SEQ=2(Stage-1)					
State:	RUNNING					
Uberized:	false					
Started:	Thu Jul 23 17:17:30 CST 2015					
Elapsed:	15sec					

ApplicationMaster				
Attempt Number	Start Time		Node	Logs
1	Thu Jul 23 17:17:22 CST 2015		hadoop1:8042	logs

Task Type	Progress	Total	Pending	Running	Complete
Map		1	0	0	1
Reduce		1	1	0	0
Attempt Type	New	Running	Failed	Killed	Successful
Maps	0	0	0	0	1
Reduces	1	0	0	0	0

图 7-2-14　查询结果

查询次数排行榜,如图 7-2-15 所示。

按照 session 号进行归组,并按照查询次数进行排序,最终显示查询次数最多的前十条:

hive > select WEBSESSION,count(WEBSESSION)as cw from SOGOuQ1 group
 by WEBSESSION order by cw desc limit 10;

```
hive> select WEBSESSION,count(WEBSESSION) as cw from SOGOUQ1 group by WEBSESSION order by cw desc limit 10;
Total jobs = 2
Launching Job 1 out of 2
Number of reduce tasks not specified. Estimated from input data size: 1
In order to change the average load for a reducer (in bytes):
  set hive.exec.reducers.bytes.per.reducer=<number>
In order to limit the maximum number of reducers:
  set hive.exec.reducers.max=<number>
In order to set a constant number of reducers:
  set mapreduce.job.reduces=<number>
Starting Job = job_1437639210711_0006, Tracking URL = http://hadoop1:8088/proxy/application_1437639210711_0
006/
Kill Command = /app/hadoop/hadoop-2.2.0/bin/hadoop job  -kill job_1437639210711_0006
Hadoop job information for Stage-1: number of mappers: 1; number of reducers: 1
2015-07-23 17:20:11,236 Stage-1 map = 0%,  reduce = 0%
2015-07-23 17:20:28,939 Stage-1 map = 100%,  reduce = 0%, Cumulative CPU 12.59 sec
2015-07-23 17:20:43,032 Stage-1 map = 100%,  reduce = 100%, Cumulative CPU 20.38 sec
MapReduce Total cumulative CPU time: 20 seconds 380 msec
Ended Job = job_1437639210711_0006
```

图 7-2-15　查询次数排行榜

2. 交易数据演示

（1）准备数据

①上传数据。

交易数据存放在该系列配套资源的/class5/saledata 目录下,在/home/hadoop/upload 创建
class5 目录用于存放本周测试数据。

```
$ cd/Hadoop/Hadoop/upload
$ mkdir class5
```

创建新的文件夹后使用 SSH Secure File Transfer 工具上传到/home/hadoop/upload/class5 目录
下,如图 7-2-16 所示。

图 7-2-16　创建新的文件夹

②在 Hive 创建数据库和表。

启动 Hadoop 集群,进入 Hive 命令行操作界面,使用如下命令创建三张数据表:

● tDate 定义了日期的分类,将每天分别赋予所属的月份、星期、季度等属性,字段分别为日
期、年月、年、月、日、周几、第几周、季度、旬、半月。

● tbStock 定义了订单表头,字段分别为订单号、交易位置、交易日期。

● tbStockDetail 文件定义了订单明细,该表和 tbStock 以交易号进行关联,字段分别为订单号、
行号、货品、数量、金额,如图 7-2-17 所示。

```
hive > use hive;
hive > CREATE TABLE tbDate (datelD string, theyearmonth string, theyear string, the
month . string, thedate string, theweek string, theweeks string, thequot string, thetenday
string, thehalfmonth string) ROW FORMAT DELMITED FIELDS TERMINATED BY ',' LINES
TERMINATED BY ' \n';
hive > CREATE TABLE tbStock(ordernumber STRING, locationid string, dateID string)ROW
FORMAT DELIMITED FIELDS TERMINATED BY ',' LINES TERMINATED BY ' \n';
hive > CREATE TABLE tbStockDetail1(ordernumber STRING, rownum int, itemid string, qty
int, price int, amount int)ROW FORMAT DELMITED FIELDS TERMINATED BY ',' LINES TERMINATED
BY ' \n';
```

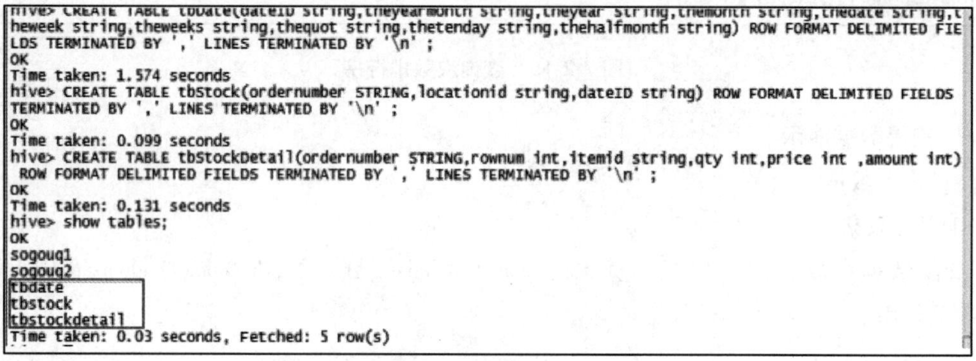

```
hive> CREATE TABLE tbDate(dateID string,theyearmonth string,theyear string,themonth string,thedate string,t
heweek string,theweeks string,thequot string,thetenday string,thehalfmonth string) ROW FORMAT DELIMITED FIE
LDS TERMINATED BY ',' LINES TERMINATED BY '\n' ;
OK
Time taken: 1.574 seconds
hive> CREATE TABLE tbstock(ordernumber STRING,locationid string,dateID string) ROW FORMAT DELIMITED FIELDS
TERMINATED BY ',' LINES TERMINATED BY '\n' ;
OK
Time taken: 0.099 seconds
hive> CREATE TABLE tbStockDetail(ordernumber STRING,rownum int,itemid string,qty int,price int ,amount int)
 ROW FORMAT DELIMITED FIELDS TERMINATED BY ',' LINES TERMINATED BY '\n' ;
OK
Time taken: 0.131 seconds
hive> show tables;
OK
sogouq1
sogouq2
tbdate
tbstock
tbstockdetail
Time taken: 0.03 seconds, Fetched: 5 row(s)
```

图 7-2-17　在 Hive 创建数据库和表

③导入数据。

从本地操作系统分别加载日期、交易信息和交易详细信息表数据，如图 7-2-18 所示。

```
hive > use hive;
hive > LOAD DATA LOCAL INPATH ' home/hadoop/upload/class5/saledata/tbDate. txt' INTO
TABLE tbDate;
hive > LOAD DATA LOCAL INPATH ' home/hadoop/upload/class5/saledata/tbStock. txt' INTO
TABLE tbStock;
hive > LOAD DATA LOCAL INPATH ' home/hadoop/upload/class5/saledata/tbStockDetail.
txt' INTO TABLE tbStockDetail;
```

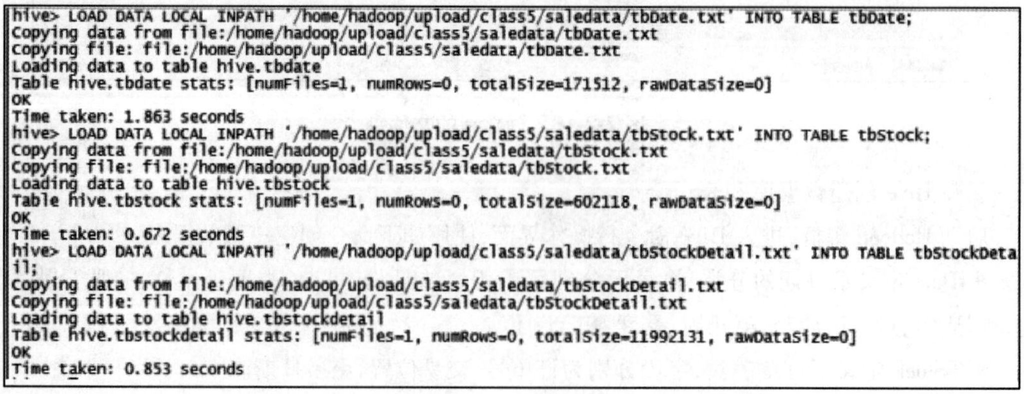

```
hive> LOAD DATA LOCAL INPATH '/home/hadoop/upload/class5/saledata/tbDate.txt' INTO TABLE tbDate;
Copying data from file:/home/hadoop/upload/class5/saledata/tbDate.txt
Copying file: file:/home/hadoop/upload/class5/saledata/tbDate.txt
Loading data to table hive.tbdate
Table hive.tbdate stats: [numFiles=1, numRows=0, totalSize=171512, rawDataSize=0]
OK
Time taken: 1.863 seconds
hive> LOAD DATA LOCAL INPATH '/home/hadoop/upload/class5/saledata/tbStock.txt' INTO TABLE tbStock;
Copying data from file:/home/hadoop/upload/class5/saledata/tbStock.txt
Copying file: file:/home/hadoop/upload/class5/saledata/tbStock.txt
Loading data to table hive.tbstock
Table hive.tbstock stats: [numFiles=1, numRows=0, totalSize=602118, rawDataSize=0]
OK
Time taken: 0.672 seconds
hive> LOAD DATA LOCAL INPATH '/home/hadoop/upload/class5/saledata/tbStockDetail.txt' INTO TABLE tbStockDeta
il;
Copying data from file:/home/hadoop/upload/class5/saledata/tbStockDetail.txt
Copying file: file:/home/hadoop/upload/class5/saledata/tbStockDetail.txt
Loading data to table hive.tbstockdetail
Table hive.tbstockdetail stats: [numFiles=1, numRows=0, totalSize=11992131, rawDataSize=0]
OK
Time taken: 0.853 seconds
```

图 7-2-18　导入数据

查询 HDFS 中相关 saledata 数据库中增加了三个文件夹分别对应三个表,如图 7-2-19 所示。

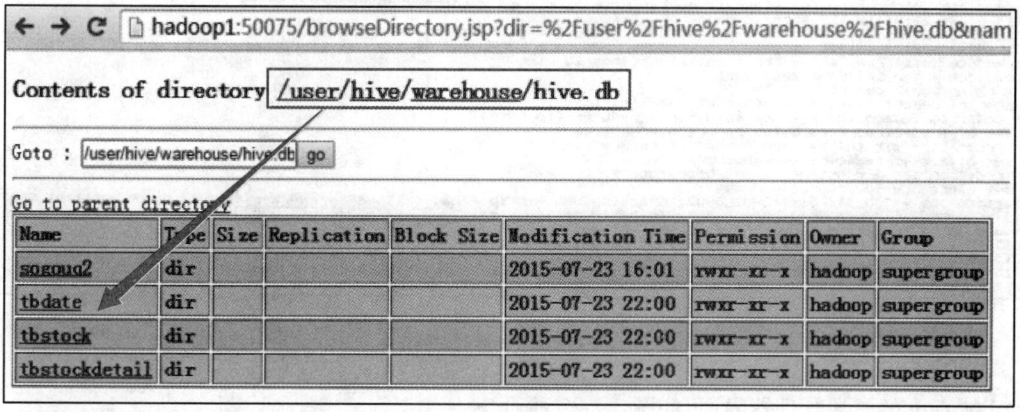

图 7-2-19　查询 HDFS

(2)计算所有订单每年的总金额

①算法分析。

要计算所有订单每年的总金额,首先需要获取所有订单的订单号、订单日期和订单金信息,然后把这些信息和日期表进行关联,获取年份信息,最后根据这 4 个列按年份归组统计获取所有订单每年的总金额。

执行 HSQL 语句,如图 7-2-20 所示。

```
hive > use hive;
hive > select c. theyear, sum(b. amount) from tbStock a, tbStockDetail b, tbDate c where
a. ordernumber = b. ordernumber and a. dateid = c. dateid group by c. theyear order by
c. theyear;
```

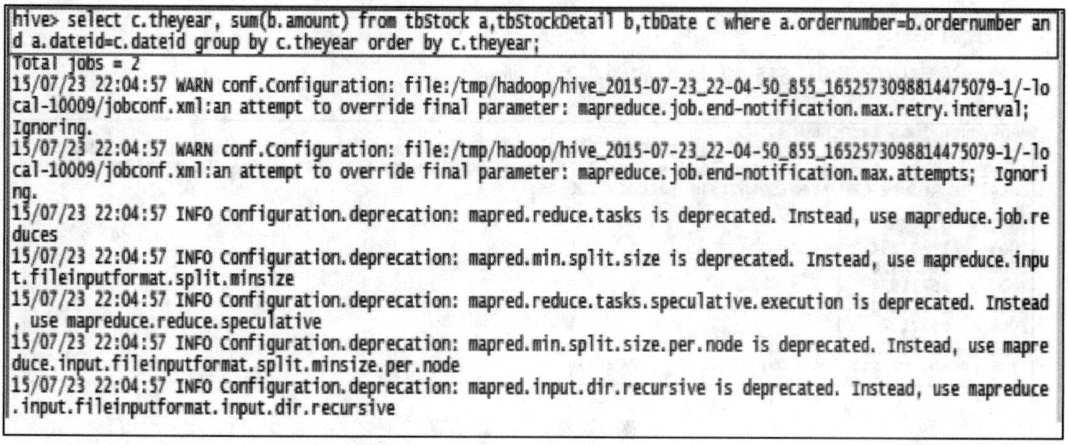

```
hive> select c.theyear, sum(b.amount) from tbStock a,tbStockDetail b,tbDate c where a.ordernumber=b.ordernumber an
d a.dateid=c.dateid group by c.theyear order by c.theyear;
Total jobs = 2
15/07/23 22:04:57 WARN conf.Configuration: file:/tmp/hadoop/hive_2015-07-23_22-04-50_855_1652573098814475079-1/-lo
cal-10009/jobconf.xml:an attempt to override final parameter: mapreduce.job.end-notification.max.retry.interval;
Ignoring.
15/07/23 22:04:57 WARN conf.Configuration: file:/tmp/hadoop/hive_2015-07-23_22-04-50_855_1652573098814475079-1/-lo
cal-10009/jobconf.xml:an attempt to override final parameter: mapreduce.job.end-notification.max.attempts;  Ignori
ng.
15/07/23 22:04:57 INFO Configuration.deprecation: mapred.reduce.tasks is deprecated. Instead, use mapreduce.job.re
duces
15/07/23 22:04:57 INFO Configuration.deprecation: mapred.min.split.size is deprecated. Instead, use mapreduce.inpu
t.fileinputformat.split.minsize
15/07/23 22:04:57 INFO Configuration.deprecation: mapred.reduce.tasks.speculative.execution is deprecated. Instead
, use mapreduce.reduce.speculative
15/07/23 22:04:57 INFO Configuration.deprecation: mapred.min.split.size.per.node is deprecated. Instead, use mapre
duce.input.fileinputformat.split.minsize.per.node
15/07/23 22:04:57 INFO Configuration.deprecation: mapred.input.dir.recursive is deprecated. Instead, use mapreduce
.input.fileinputformat.input.dir.recursive
```

图 7-2-20　执行 HSQL 语句

运行过程中创建两个 Job 分别为 job_1437659442092_0001 和 job_1437659442092_0002,运行过程如图 7-2-21 所示。

```
Starting Job = job_1437659442092_0001, Tracking URL = http://hadoop1:8088/proxy/application_1437659442092_0001/
Kill Command = /app/hadoop/hadoop-2.2.0/bin/hadoop job  -kill job_1437659442092_0001
Hadoop job information for Stage-3: number of mappers: 1; number of reducers: 1
2015-07-23 22:05:18,477 Stage-3 map = 0%,  reduce = 0%
2015-07-23 22:05:35,954 Stage-3 map = 100%,  reduce = 0%, Cumulative CPU 8.88 sec
2015-07-23 22:05:45,629 Stage-3 map = 100%,  reduce = 100%, Cumulative CPU 11.01 sec
MapReduce Total cumulative CPU time: 11 seconds 10 msec
Ended Job = job_1437659442092_0001
Launching Job 2 out of 2
Number of reduce tasks determined at compile time: 1
In order to change the average load for a reducer (in bytes):
  set hive.exec.reducers.bytes.per.reducer=<number>
In order to limit the maximum number of reducers:
  set hive.exec.reducers.max=<number>
In order to set a constant number of reducers:
  set mapreduce.job.reduces=<number>
Starting Job = job_1437659442092_0002, Tracking URL = http://hadoop1:8088/proxy/application_1437659442092_0002/
Kill Command = /app/hadoop/hadoop-2.2.0/bin/hadoop job  -kill job_1437659442092_0002
Hadoop job information for Stage-4: number of mappers: 1; number of reducers: 1
2015-07-23 22:06:00,843 Stage-4 map = 0%,  reduce = 0%
2015-07-23 22:06:10,483 Stage-4 map = 100%,  reduce = 0%, Cumulative CPU 1.69 sec
2015-07-23 22:06:20,085 Stage-4 map = 100%,  reduce = 100%, Cumulative CPU 3.78 sec
MapReduce Total cumulative CPU time: 3 seconds 780 msec
```

图 7-2-21　运行过程

在 Yarn 的资源管理器界面,如图 7-2-22 所示。

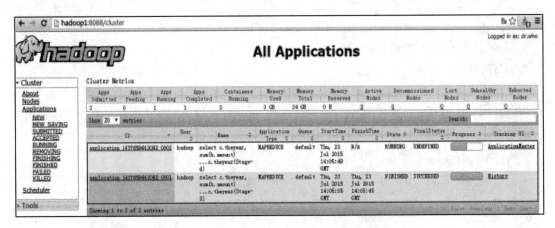

图 7-2-22　在 Yarn 的资源管理器界面中

②查看结果:

整个过程使用了 91. 515 秒,结果如图 7-2-23 所示。

```
MapReduce Jobs Launched:
Job 0: Map: 1  Reduce: 1   Cumulative CPU: 11.01 sec   HDFS Read: 11992364 HDFS Write: 278 SUCCESS
Job 1: Map: 1  Reduce: 1   Cumulative CPU: 3.78 sec    HDFS Read: 641 HDFS Write: 94 SUCCESS
Total MapReduce CPU Time Spent: 14 seconds 790 msec
OK
2004    3265696
2005    13247234
2006    13670416
2007    16711974
2008    14670698
2009    6322137
2010    210924
Time taken: 91.515 seconds, Fetched: 7 row(s)
```

图 7-2-23　查看结果

(3)计算所有订单每年最大的金额订单的销售额

①算法分析。

该算法分两步:

第一步,按照日期和订单号进行归组计算,获取所有订单每天的销售数据。

第二步,把第一步获取的数据和日期表进行关联获取的年份信息,然后按照年份进行归组,使用 Max 函数,获取所有订单每年最大金额订单的销售额。

②执行 HSQL 语句。

计算所有订单每年最大金额订单的销售额,步骤如下:

第一步:

```
hive > use hive;
hive > select a. dateid, a. ordernumber, sum (b. amount) as sumofamount from tbStock
atbStockDetail b where a. ordernumber = b. ordernumber group bya. dateid, a. ordernumber;
```

第二步:

```
hive > select c. theyear, max (d. sumofamount) from tbDate c, (select a. dateid,
    a. ordernumber, sum (b. amount) as sumofamount from tbStock a, tbStockDetail b where
a. ordernumber = b. ordernumber group by a. dateid, a. ordernumber) d where c. dateid =
d. dateid group by c. theyear sort by c. theyear;
```

计算销售额第二步的运行结果如图 7-2-24 所示。

图 7-2-24　计算销售额第二步

运行过程中创建两个 Job 分别为 job_1437659442092_0004 和 job_1437659442092_0005,运行过程如图 7-2-25 所示。

图 7-2-25　运行过程

整个过程使用了 90.004 秒,结果如图 7-2-26 所示。

```
MapReduce Jobs Launched:
Job 0: Map: 1  Reduce: 1   Cumulative CPU: 14.89 sec   HDFS Read: 11992364 HDFS Write: 638181 SUCCESS
Job 1: Map: 1  Reduce: 1   Cumulative CPU: 9.01 sec    HDFS Read: 638544 HDFS Write: 78 SUCCESS
Total MapReduce CPU Time Spent: 23 seconds 900 msec
OK
2004    23612
2005    38180
2006    36124
2007    159126
2008    55828
2009    25810
2010    13063
Time taken: 90.004 seconds, Fetched: 7 row(s)
```

图 7-2-26   查看结果

(4)计算其他金额

所有订单中季度销售额前 10 位,具体结果如图 7-2-27 所示。

Hive > use hive;

hive > select c. theyear, c. thequot, sum (b. amount) as sumofamount from tbStock a. tbStockDetail b. tbDate c where a. ordernumber = b. ordernumber and a. dateid = c. dateid group by c. theyear, c. thequot order by sumofamount desc limit 10;

```
2008 1 5252819
2007 4 4613093
2007 1 4446088
2006 1 3916638
2008 2 3886470
2007 3 3870558
2007 2 3782235
2006 4 3691314
2005 1 3592007
2005 3 3304243
```

```
hive> select c.theyear,c.thequot,sum(b.amount) as sumofamount from tbstock a,tbStockDetail b,tbDate c
where a.ordernumber=b.ordernumber and a.dateid=c.dateid group by c.theyear,c.thequot order by sumofamo
unt desc limit 10;
Total jobs = 2
15/07/23 22:35:27 WARN conf.Configuration: file:/tmp/hadoop/hive_2015-07-23_22-35-22_672_5143929466869
932-1/-local-10009/jobconf.xml:an attempt to override final parameter: mapreduce.job.end-notification.
max.retry.interval;  Ignoring.
15/07/23 22:35:27 WARN conf.Configuration: file:/tmp/hadoop/hive_2015-07-23_22-35-22_672_5143929466869
932-1/-local-10009/jobconf.xml:an attempt to override final parameter: mapreduce.job.end-notification.
max.attempts;  Ignoring.
15/07/23 22:35:27 INFO Configuration.deprecation: mapred.reduce.tasks is deprecated. Instead, use mapr
educe.job.reduces
15/07/23 22:35:27 INFO Configuration.deprecation: mapred.min.split.size is deprecated. Instead, use ma
preduce.input.fileinputformat.split.minsize
MapReduce Jobs Launched:
Job 0: Map: 1  Reduce: 1   Cumulative CPU: 11.68 sec   HDFS Read: 11992364 HDFS Write: 767 SUCCESS
Job 1: Map: 1  Reduce: 1   Cumulative CPU: 3.24 sec    HDFS Read: 1127 HDFS Write: 150 SUCCESS
Total MapReduce CPU Time Spent: 14 seconds 920 msec
OK
2008    1    5252819
2007    4    4613093
2007    1    4446088
2006    1    3916638
2008    2    3886470
2007    3    3870558
2007    2    3782235
2006    4    3691314
2005    1    3592007
2005    3    3304243
Time taken: 79.628 seconds, Fetched: 10 row(s)
```

图 7-2-27   所有订单中季度销售额前 10 位

列出销售金额在 100000 以上的单据,如图 7-2-28 所示。

```
hive > use hive;
hive > select a. ordernumber, sum (b. amount) as sumofamount from tbStock. a.
tbStockDetail b where a. ordernumber = b. ordernumber group by a. ordernumber having
sumofamount >100000;
```

图 7-2-28　销售金额在 100000 以上的单据

(5)所有订单中每年最畅销货品

第一步:

```
hive > use hive;
hive > select c. theyear, b. itemid, sum (b. amount) as sumofamount from tbStock a,
tbStockDetail b, tbDate c where a. ordernumber = b. ordernumber anaa. dateid = c. dateid
group by c. theyear, b. itemid;
```

第二步:

```
hive > select d. theyear, max (d. sumofamount) as maxofamount from
 (selectc. theyear, b. itemid, sum (b. amount) as sumofamount from tbStock a,
tbStockDetail b, tbDate cwhere a. ordernumber = b. ordernumber and a. dateid = c. dateid
group byc. theyear, b. itemid)dgroup by d. theyear;
```

第三步:

```
hive > select distinct e. theyear, e. itemid, f. maxofamount from
 (selectc. theyear, b. itemid, sum (b. amount) as sumofamount from tbStock a,
tbStockDetail b, tbDate c where a. ordernumber = b. ordernumber and a. dateid = cdateid group
byc. theyear, b. itemid)e, (select d. theyear, max (d. sumofamount) as maxofamount from(select
c. theyear, b. itemid, sum (b. amount) as sumofamount from tbStock a, tbStockDetail b, tbDate c
where a. ordernumber = b. ordernumber anda. dateid = c. dateid group by c. theyear, b. itemid)d
group by d. theyear)fwheree. theyear = ftheyear and e. sumofamount = f. maxofamount order by
e. theyear,2004 JY424420810101 53374
2005 24124118880102 56569
2006 JY425468460101 113684
```

```
2007 JY425468460101 70226
2008 E2628204040101 97981
2009 YL327439080102 30029
```

列出所有订单中每年最畅销货品,如图 7-2-29 所示。

```
hive> select distinct  e.theyear,e.itemid,f.maxofamount from (select c.theyear,b.itemid,sum(b.amount)
as sumofamount from tbStock a,tbStockDetail b,tbDate c where a.ordernumber=b.ordernumber and a.dateid=
c.dateid group by c.theyear,b.itemid) e , (select d.theyear,max(d.sumofamount) as maxofamount from (se
lect c.theyear,b.itemid,sum(b.amount) as sumofamount from tbStock a,tbStockDetail b,tbDate c where a.o
rdernumber=b.ordernumber and a.dateid=c.dateid group by c.theyear,b.itemid) d group by d.theyear) f wh
ere e.theyear=f.theyear and e.sumofamount=f.maxofamount order by e.theyear;
Total jobs = 7
15/07/23 22:42:45 WARN conf.Configuration: file:/tmp/hadoop/hive_2015-07-23_22-42-40_641_7821765305197
2220-1/-local-10020/jobconf.xml:an attempt to override final parameter: mapreduce.job.end-notification
.max.retry.interval;  Ignoring.
15/07/23 22:42:45 WARN conf.Configuration: file:/tmp/hadoop/hive_2015-07-23_22-42-40_641_7821765305197
2220-1/-local-10020/jobconf.xml:an attempt to override final parameter: mapreduce.job.end-notification
.max.attempts;  Ignoring.
15/07/23 22:42:45 INFO Configuration.deprecation: mapred.reduce.tasks is deprecated. Instead, use mapr
educe.job.reduces
MapReduce Jobs Launched:
Job 0: Map: 1  Reduce: 1    Cumulative CPU: 20.52 sec   HDFS Read: 11992364 HDFS Write: 274 SUCCESS
Job 1: Map: 1  Reduce: 1    Cumulative CPU: 22.39 sec   HDFS Read: 11992364 HDFS Write: 665004 SUCCESS
Job 2: Map: 1   Cumulative CPU: 5.67 sec   HDFS Read: 665365 HDFS Write: 379 SUCCESS
Job 3: Map: 1  Reduce: 1    Cumulative CPU: 5.79 sec   HDFS Read: 740 HDFS Write: 379 SUCCESS
Job 4: Map: 1  Reduce: 1    Cumulative CPU: 6.6 sec   HDFS Read: 740 HDFS Write: 182 SUCCESS
Total MapReduce CPU Time Spent: 1 minutes 0 seconds 970 msec
OK
2004     JY424420810101    53374
2005     24124118880102    56569
2006     JY425468460101    113684
2007     JY425468460101    70226
2008     E2628204040101    97981
2009     YL327439080102    30029
2010     SO429425090101    4494
Time taken: 240.139 seconds, Fetched: 7 row(s)
```

图 7-2-29   所有订单中每年最畅销货品

任务实施

本任务主要介绍 Hive 综合案例,使学生可以更加熟练地掌握 Hive 的综合应用,对 Hive 有了更深层次的理解。

1. 正确建表

导入数据(三张表,三份数据),并验证是否正确。

(1)创建数据库

```
drop database if exists movie;
create database if not exists movie;
use movie;
```

创建数据库结果,如图 7-2-30 所示。

```
hive> drop database if exists movie;
OK
Time taken: 0.87 seconds
hive> create database if not exists movie;
OK
Time taken: 1.79 seconds
hive> use movie;
OK
Time taken: 0.298 seconds
```

图 7-2-30   创建数据库

（2）创建 t_user 表

```
create table t_user(
userid bigint,
sex string,
age int,
occupation string,
zipcode string)
row format serde 'org. apache. hadoop. hive. serde2. RegexSerDe'
with serdeproperties (' input. regex ' = ' (. * ):: (. * ):: (. * ):: (. * ):: (. * ) ','
output. format. string' = '% 1 $ s % 2 $ s % 3 $ s % 4 $ s % 5 $ s')
stored as textfile;
```

创建 t_user 表结果，如图 7-2-31 所示。

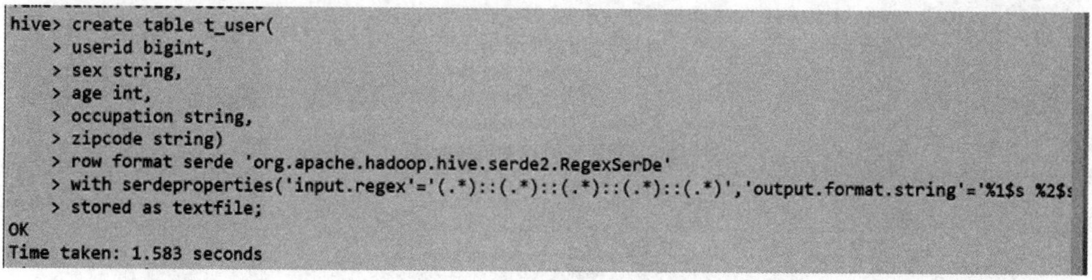

```
hive> create table t_user(
    > userid bigint,
    > sex string,
    > age int,
    > occupation string,
    > zipcode string)
    > row format serde 'org.apache.hadoop.hive.serde2.RegexSerDe'
    > with serdeproperties('input.regex'='(.*)::(.*)::(.*)::(.*)::(.*)','output.format.string'='%1$s %2$s
    > stored as textfile;
OK
Time taken: 1.583 seconds
```

图 7-2-31　创建 t_user 表

（3）创建 t_movie 表

```
use movie;
create table t_movie(
movieid bigint,
moviename string,
movietype string)
row format serde 'org. apache. hadoop. hive. serde2. RegexSerDe'
with serdeproperties ('input. regex' = ' (. * ):: (. * ):: (. * ) ','output. format. string'
= '% 1 $ s % 2 $ s % 3 $ s')
stored as textfile;
```

创建 t_movie 表结果，如图 7-2-32 所示。

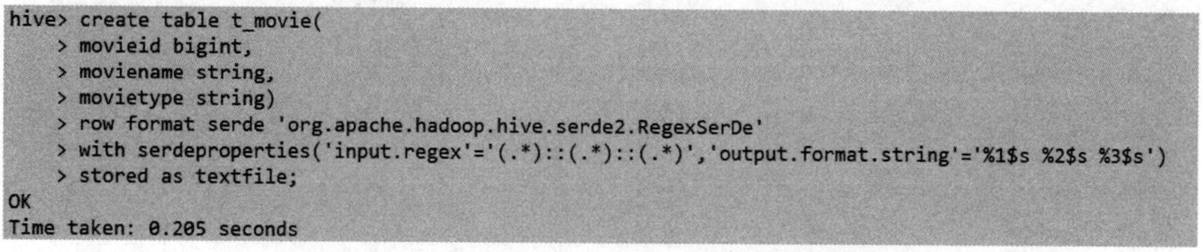

```
hive> create table t_movie(
    > movieid bigint,
    > moviename string,
    > movietype string)
    > row format serde 'org.apache.hadoop.hive.serde2.RegexSerDe'
    > with serdeproperties('input.regex'='(.*)::(.*)::(.*)','output.format.string'='%1$s %2$s %3$s')
    > stored as textfile;
OK
Time taken: 0.205 seconds
```

图 7-2-32　创建 t_movie 表

（4）创建 t_rating 表

```
use movie;
create table t_rating(
userid bigint,
```

```
    movieid bigint,
    rate double,
    times string)
    row format serde 'org. apache. hadoop. hive. serde2. RegexSerDe'
    with serdeproperties (' input. regex ' = ' (. * )::  (. * )::  (. * )::  (. * ) ', '
output. format. string' = '% 1 $ s % 2 $ s % 3 $ s % 4 $ s')
    stored as textfile;
```

创建 t_rating 表结果,如图 7-2-33 所示。

```
hive> create table t_rating(
    > userid bigint,
    > movieid bigint,
    > rate double,
    > times string)
    > row format serde 'org.apache.hadoop.hive.serde2.RegexSerDe'
    > with serdeproperties('input.regex'='(.*)::(.*)::(.*)::(.*)','output.format.string'='%1$s %2$s %3$s %
    > stored as textfile;
OK
Time taken: 0.211 seconds
```

图 7-2-33　创建 t_rating 表

(5)导入数据

```
hive > load data local inpath/home/hadoop/movie/users. dat" into table t_user;
No rows affected(0. 928 seconds)
hive > load data local inpath "/home/hadoop/movie/movies. dat" into table t_movie;
No rows affected(0. 538 seconds)
hive > load data local inpath "/home/hadoop/movie/ratings. dat" into table t_rating;
No rows affected(0. 963 seconds)
```

导入数据结果,如图 7-2-34 所示。

```
hive> load data local inpath '/home/hadoop/movie/users.dat' into table t_user;
Loading data to table movie.t_user
Table movie.t_user stats: [numFiles=1, totalSize=134368]
OK
Time taken: 3.778 seconds

hive> load data local inpath "/home/hadoop/movie/movies.dat" into table t_movie;
Loading data to table movie.t_movie
Table movie.t_movie stats: [numFiles=1, totalSize=171432]
OK
Time taken: 1.836 seconds
hive> load data local inpath "/home/hadoop/movie/ratings.dat" into table t_rating;
Loading data to table movie.t_rating
Table movie.t_rating stats: [numFiles=1, totalSize=24594131]
OK
Time taken: 1.206 seconds
hive>
```

图 7-2-34　导入数据

(6)验证

```
select * from t_user limit 20;
```

查询 t_user 表,显示结果如图 7-2-35 所示。

```
hive> select *from t_user limit 20;
OK
1       F       1       10      48067
2       M       56      16      70072
3       M       25      15      55117
4       M       45      7       02460
5       M       25      20      55455
6       F       50      9       55117
7       M       35      1       06810
8       M       25      12      11413
9       M       25      17      61614
10      F       35      1       95370
11      F       25      1       04093
12      M       25      12      32793
13      M       45      1       93304
14      M       35      0       60126
15      M       25      7       22903
16      F       35      0       20670
17      M       50      1       95350
18      F       18      3       95825
19      M       1       10      48073
20      M       25      14      55113
Time taken: 0.283 seconds, Fetched: 20 row(s)
hive>
```

图 7-2-35   t_user 表格中数据

select * from t_movie limit 20;

查询 t_movie 表,显示结果如图 7-2-36 所示。

```
hive> select *from t_movie limit 20;
OK
1       Toy Story (1995)        Animation|Children's|Comedy
2       Jumanji (1995)  Adventure|Children's|Fantasy
3       Grumpier Old Men (1995) Comedy|Romance
4       Waiting to Exhale (1995)        Comedy|Drama
5       Father of the Bride Part II (1995)      Comedy
6       Heat (1995)     Action|Crime|Thriller
7       Sabrina (1995)  Comedy|Romance
8       Tom and Huck (1995)     Adventure|Children's
9       Sudden Death (1995)     Action
10      GoldenEye (1995)        Action|Adventure|Thriller
11      American President, The (1995)  Comedy|Drama|Romance
12      Dracula: Dead and Loving It (1995)      Comedy|Horror
13      Balto (1995)    Animation|Children's
14      Nixon (1995)    Drama
15      Cutthroat Island (1995) Action|Adventure|Romance
16      Casino (1995)   Drama|Thriller
17      Sense and Sensibility (1995)    Drama|Romance
18      Four Rooms (1995)       Thriller
19      Ace Ventura: When Nature Calls (1995)   Comedy
20      Money Train (1995)      Action
Time taken: 0.212 seconds, Fetched: 20 row(s)
```

图 7-2-36   t_movie 表格中所有数据

select * from t_rating limit 20;

查询 t_rating 表,显示结果如图 7-2-37 所示。

```
hive> select *from t_rating limit 20;
OK
1       1193    5.0     978300760
1       661     3.0     978302109
1       914     3.0     978301968
1       3408    4.0     978300275
1       2355    5.0     978824291
1       1197    3.0     978302268
1       1287    5.0     978302039
1       2804    5.0     978300719
1       594     4.0     978302268
1       919     4.0     978301368
1       595     5.0     978824268
1       938     4.0     978301752
1       2398    4.0     978302281
1       2918    4.0     978302124
1       1035    5.0     978301753
1       2791    4.0     978302188
1       2687    3.0     978824268
1       2018    4.0     978301777
1       3105    5.0     978301713
1       2797    4.0     978302039
Time taken: 0.234 seconds, Fetched: 20 row(s)
hive>
```

图 7-2-37　t_rating 表格中所有数据

2. 排列评分

（1）列出评分次数最多的十部电影，并给出评分次数（电影名、影评分）

思路分析：按照电影名进行分组统计，求出每部电影的评分次数并按照评分次数降序排序。

完整的 SQL 语句：

```
create table movieall as
select a. moviename as moviename, count(a. moviename) as total
from t_movie a join t_rating b on a. movieid = b. movieid
group by a. moviename
order by total desc
limit 10;
```

查询语句：

```
select * from movieall;
```

查询 movieall 表，显示结果如图 7-2-38 所示。

moviename	total
Totalmoviename	3428
American Beauty (1999)	2991
Star Wars: Episode IV -A New Hope (1977)	2990
Star Wars: Episode V-The Empire Strikes Back (1980)	2883
Star Wars: Episode VI -Return of the Jedi (1983)	2672
Jurassic Park (1993)2653Saving Private Ryan (1998)	2649
Terminator 2: Judgment Day (1991)Matrix, The (1999	2590
Back to the Future (1985)2583(1991)	2578

图 7-2-38　movieall 表格中所有数据

（2）分别求出男性、女性中评分最高的十部电影（性别，电影名，影评分）

思路分析：三表联合查询，按照性别过滤条件，电影名作为分组条件，影评分作为排序条件进行查询。

完整 SQL 语句：

①女性当中评分最高的十部电影（性别、电影名、影评分）评论次数大于等于 50 次，结果如图 7-2-39 所示。

```
create table answer3_F as
select "F" as sex, c.moviename as name, avg (a. rate) as avgrate, count (c.moviename) as total
from t_rating a
join t_user b on a. userid = b. userid
join t_movie c on a. movieid = c. movieid
where b. sex = "F"
group by c. moviename
having total >= 50
order by avgrate desc
limit 10;

select * from answer3_F;
```

name	avgrate	total	sex
Close Shave, A (1995)	4.64444444444444	180	F
wrong Trousers, The (1993)	4.588235294117647	238	F
Sunset Blvd. (a. k. a. Sunset Boulevard) (1950)	4.572649572649572	117	F
Vallace & Gronit: The Best of Aardnan Aninatlon (196	4.563106796116505	103	F
Schindler's List (1993)	4.56260162601626	615	F
Shawshank Redenption, The (1994)	4. 539074960127592	627	F
Grand Day Out, A (1992)	4. 537878787878788	132	F
To Kill a Mockingbird (1962)	4.5366666667	300	F
Creature Conforts (1990)	4.51388888888889	72	F
Usual Suspects, The (1995)	4. 513317191283293	413	F

图 7-2-39　女性当中评分最高的十部电影

②男性当中评分最高的十部电影（性别、电影名、影评分）评论次数大于等于 50 次。

```
create table answer3_M as
select "M" as sex, c.moviename as name, avg (a. rate) as avgrate, count (c.moviename) as total
from t_rating a
join t_user b on a. userid = b. userid
join t_movie c on a. movieid = c. movieid
where b. sex = "M"
group by c. moviename
having total >= 50
order by avgrate desc
limit 10;
Select * from answer3_F;
```

查询 answer3_M 数据，显示结果如图 7-2-40 所示。

（3）求 movieid = 2116 这部电影各年龄段（因为年龄就只有 7 个，就按这个 7 个分就好了）的

name	avgrate	total	sex
Close Shave, A (1995)	4.639344262295082	61	M
wrong Trousers, The (1993)	4.583333333333333	1740	M
Sunset Blvd. (a. k. a. Sunset Boulevard) (1950)	4.57662352490421	522	M
Vallace & Gronit: The Best of Aardnan Anination (196)	4.560625	1600	M
Schindler's List (1993)	4.520597322348094	1942	M
Shawshank Redenption, The (1994)	4.518248175182482	1370	M
Grand Day Out, A (1992)	4.495307167235493	2344	M
To Kill a Mockingbird (1962)	4.4914150384843	1689	M
Creature Conforts (1990)	4.485148514851486	202	M
Usual Suspects, The (1995)	4.478260889505211	644	M

图 7-2-40　男性当中评分最高的十部电影

平均影评(年龄段,影评分)

　　思路分析:t_user 和 t_rating 表进行联合查询,用 movieid = 2116 作为过滤条件,用年龄段作为分组条件。

　　完整 SQL 语句:

```
create table answer4 as
select a. age as age,avg (b. rate)as avgrate
from t_user a join t_rating b on a. userid = b. userid
where b. movieid = 2116
group by a. age;

select * from answer4;
```

　　查询 answer4_M 表数据,显示结果如图 7-2-41 所示。

　　(4)求最喜欢看电影(影评次数最多)的那位女性评最高分的十部电影的平均影评分(观影者、电影名、影评分)

　　思路分析:

　　①需要先求出最喜欢看电影的那位女性 需要查询的字段性别为 t_user. sex、 观影次数为 count(t_rating. userid)。

　　②根据①中求出的女性 userid 作为 where 过滤条件,以看过的电影的影评分 rate 作为排序条件进行排序,求出评分最高的十部电影、需要查询的字段:电影的 ID 为 t_rating. movieid。

age	average
1	3.29411764
18	3.35802469
25	3.43654822
35	3.22784810
45	2.82758620
50	3.32
56	3.5

图 7-2-41　answer4_M 表的结果

　　③求出②中十部电影的平均影评分、需要查询的字段:电影的 ID 为 answer5_B. movieid、影评分为 t_rating. rate。

　　完整 SQL 语句:

　　①需要先求出最喜欢看电影的那位女性。

```
select a. userid,count (a. userid)as total
from t_rating a join t_user b on a. userid = b. userid
where b. sex = "F"
group by a. userid
order by total desc
limit 1;
```

　　②根据①中求出的女性 userid 作为 where 过滤条件,以看过的电影的影评分 rate 作为排序条

件进行排序,求出评分最高的十部电影,如图 7-2-42 所示。

```
create table answer5_B as
select a. movieid as movieid,a. rate as rate
from t_rating a
where a. userid=1150
order by rate desc
limit 10;
Select * from answer5_B;
```

③求出②中十部电影的平均影评分(见图 7-2-43)。

```
create table answer5_C as
select b. movieid as movieid, c. moviename as moviename, avg (b. rate)
as avgrate
from answer5_B a
join t_rating b on a. movieid=b. movieid
join t_movie c on b. movieid=c. movieid
group by b. movieid,c. moviename;

select * fromanswer5_C;
```

id	rate
754	5.0
1279	5.0
1236	5.0
904	5.0
750	5.0
2997	5.0
2064	5.0
905	5.0
1094	5.0
1256	5.0

图 7-2-42 评分
最高的十部
电影

id	moviesname	avergae
745	close Shave, A (1995)	4. 52054794520548
750	Dr. Strangelove or: How I Learned to Stop Torrying and Love the Bomb (1963)	4.4498902706656915
904	Rear Window (1954)	4. 476190476190476
905	It Happened One Might (1934)	4. 280748663101604
1094	Crying Game, The (1992)	3. 7314890154597236
1236	Trust (1990)	4.18888888888889
1256	Duck Soup (1933)	4. 21043771043771
1279	Night on Ear th (1991)	3. 747422680412371
2064	Roger & Me (1989)	4.0799348370927315
2997	Being John Malkovich (1999)	4. 125390450691656

图 7-2-43 answer5_C 中十部电影的平均影评分

(5)求好片(评分大于等于 4.0)最多的那个年份的最好看的十部电影

思路分析:

①需要将 t_rating 和 t_movie 表进行联合查询,将电影名当中的上映年份截取出来,保存到临时表 answer6_A 中需要查询的字段:电影 ID t_rating. movieid、电影名 t_movie. moviename(包含年份)、影评分 t_rating. rate。

②从 answer6_A 按照年份进行分组条件,按照评分大于等于 4.0 作为 where 过滤条件,按照 count(years)作为排序条件进行查询需要查询的字段:电影的 ID answer6_A. years。

③从 answer6_A 按照 years=1998 作为 where 过滤条件,按照评分作为排序条件进行查询需要查询的字段:电影的 ID answer6_A. moviename。影评分 answer6_A. avgrate。

完整的 SQL 语句:

①需要将 t_rating 和 t_movie 表进行联合查询,将电影名当中的上映年份截取出来,如图 7-2-44 所示。

```
create table answer6_A as
select   a. movieid as movieid,a. moviename as moviename,substr (a. moviename,-5,4) as
years,avg (b. rate)as avgrate
from t_movie a join t_rating b on a. movieid=b. movieid
```

```
group by a.movieid,a.moviename;

select * from answer6_A;
```

②从 answer6_A 按照年份进行分组条件,按照评分大于等于 4.0 作为 where 过滤条件,按照 count(years)作为排序条件进行查询,如图 7-2-45 所示。

```
select years,count(years)as
total from answer6_A a
where avgrate >=4.0
group by years
order by total desc
limit 1;
```

movieid	moviename	years	avgrate
1	Toy Story (1995)	1995	4.146846413095811
2	Jumanji (1995)	1995	3.20114122681883
3	Grumpier Old Men (1995)	1995	3.0167364016736
4	Waiting to Exhale (1995)	1995	2.7294117647058824
5	Father of the Bride Part II (1995)	1995	3.0067567567567566
6	Heat (1995)	1995	3.8787234042553194
7	Sabrina (1995)	1995	3.410480349344978
8	Tom and Huck (1995)	1995	3.014705882352941
9	Sudden Death (1995)	1995	2.656862745098039
10	GoldenEye (1995)	1995	3.5405405405405403
11	American President, The (1995)	1995	3.7938044530493706
12	Dracula: Dead and Loving It (1995)	1995	2.3625

years	total
1998	27

图 7-2-44　截取电影名中的上映年份　　　图 7-2-45　1998 查询数量结果

③从 answer6_A 按照 years =1998 作为 where 过滤条件,按照评分作为排序条件进行查询,如图 7-2-46 所示。

```
create table answer6_C as
select a.moviename as name,a.avgrate as rate
from answer6_A a
where a.years =1998
order by rate desc
limit 10;

select * from answer6_C;
```

(6)求 1997 年上映的电影中,评分最高的十部 Comedy 类电影

思路分析:

①需要电影类型,所有可以将第(5)步中求出 answer6_A 表和 t_movie 表进行联合查询需要查询的字段:电影 ID answer6_A.movieid、电影名 answer6_A.moviename、影评分 answer6_A.rate、电影类型 t_movie.movietype、上映年份 answer6_A.years。

name	rate
Follow the Bitch (1998)	5.0
Apple, The (Sib) (1998)	4.6666666666667
Inheritors, The (Die Siebtelbauern) (1998)	4.5
Return with Honor (1998)	4.4
Saving Private Ryan (1998)	4.337353938937053
Celebration, The (Festen) (1998)	4.3076923076923075
West Beirut (West Beyrouth) (1998)	4.3
Central Station (Central do Brasil) (1998)	4.283720930232558
42 Up (1998)	4.2272727272727275
American History x (1998)	4.2265625

图 7-2-46　按照评分作为排序条件进行查询

②从 answer7_A 按照电影类型中是否包含 Comedy 和按上映年份作为 where 过滤条件,按照评分作为排序条件进行查询,将结果保存到 answer7_B 中。

需要查询的字段:电影的ID answer7_A. id、电影的名称 answer7_A. name、电影的评分 answer7_A. rate。

完整的 SQL 语句:

①需要电影类型,所有可以将第(5)步中求出 answer6_A 表和 t_movie 表进行联合查询,如图 7-2-47 所示。

```
create table answer7_A as
select b. movieid as id, b. moviename as name, b. years as years, b. avgrate as rate,
a. movietype as type
from t_movie a join answer6_A b on a. movieid = b. movieid;

select t. *  from answer7_A t;
```

②从 answer7_A 按照电影类型中是否包含 Comedy 和按照评分大于等于 4.0 作为 where 过滤条件,按照评分作为排序条件进行查询,将结果保存到 answer7_B 中,如图 7-2-48 所示。

```
create table answer7_B as
select t. id as id, t. name as name, t. rate as rate
from answer7_A t
where t. years = 1997 and instr (lcase (t. type), 'comedy') > 0
order by rate desc
limit 10;

select * from answer7_B;
```

id	name	years	rate	type
1	oy Story (1995	1995	4.146846413095811	Aninatiion|Children' s|Comedy
2	Junanji (1	1995	3. 20114122681883	Adventure|Children' s Fantasy
3	Grumpie>	1995	3.01673640167364	Comedy Romance
4	Taiting to	1995	2. 7294117647058824	Comedy| Drana
5	Father of	1995	3.0067567567567566	Comedy
6	Heat (199	1995	3.8787234042553194	Action|Crine I Thriller
7	Sabrina (1	1995	3.410480349344978	Conedy Romance
8	Ton and I	1995	3.014705882352941	Adventure|Children' s

图 7-2-47 联合查询结果

id	name	rate
2324	Life Is Beautiful (La Vita bella) (1997)	4. 329861111111111
2444	Junanji (1995)	4.0
1827	Big One, The (1997)	4.0
1871	Friend of the Deceased, A (1997)	4.0
1784	As Good As It Gets (1997)	3.9501404494382024
2618	Castle, The (1997)	3.891304347826087
1641	Full Monty, The (1997)	3.872393661384487
1564	Roseanna's Grave (For Roseanna) (1997)	3.833333333333335
1734	My Life in Pink (Ma vie en rose) (1997)	3.8258706 46766169
1500	Grosse Pointe Blank (1997)	3.813380281690141

图 7-2-48 过滤筛选结果

(7)该影评库中各种类型电影中评价最高的五部电影(类型、电影名、平均影评分)

思路分析:

①需要电影类型,所有需要将 answer7_A 中的 type 字段进行裂变,将结果保存到 answer8_A 中,需要查询的字段:电影 ID answer7_A. id、电影名 answer7_A. name(包含年份)、上映年份 answer7_A. years、影评分 answer7_A. rate、电影类型 answer7_A. movietype。

②求 TopN,按照 type 分组,需要添加一列来记录每组的顺序,将结果保存到 answer8_B 中 row_number():用来生成 num 字段的值、distribute by movietype:按照 type 进行分组、sort by avgrate desc:每组数据按照 rate 排降序、num:新列,值就是每一条记录在每一组中按照排序规则计算出来

的排序值。

③从 answer8_B 中取出 num 列序号 <=5 的结果数据。

完整 SQL 语句：

①需要电影类型，所有需要将 answer7_A 中的 type 字段进行裂变，将结果保存到 answer8_A 中，如图 7-2-49 所示。

```
create table answer8_A as
select a.id as id,a.name as name,a.years as years,a.rate as rate,tv.type as type
from answer7_A a
lateral view explode(split(a.type,"\\|"))tv as type;

select * from answer8_A;
```

②求 TopN，按照 type 分组，需要添加一列来记录每组的顺序，将结果保存到 answer8_B 中，如图 7-2-50 所示。

id	name	years	rate	type
1	Toy Story (1995)	1995	4.146846413095811	Comedy
1	Toy Story (1995)	1995	4.146846413095811	Comedy
1	Toy Story (1995)	1995	4.146846413095811	Comedy
2	Jumanji (1995)	1995	3.20114122681883	Fantasy
2	Jumanji (1995)	1995	3.20114122681883	Fantasy
2	Jumanji (1995)	1995	3.20114122681883	Fantasy
3	Grunpier Old Men (1995)	1995	3.01673640167364	Romance
3	Grunpier Old Men (1995)	1995	3.01673640167364	Romance
4	Waiting to Exhale (1995)	1995	2.7294117647058824	Coseds
4	Waiting to Exhale (1995)	1995	2.7294117647058824	Coseds
5	Father of the Bride Part II (1995)	1995	3.0067567567567566	Comedy
6	Heat (1995)	1995	3.8787234042553194	Crime
6	Heat (1995)	1995	3.8787234042553194	Crime

图 7-2-49　裂变结果

```
create table answer8_B as
  select id,name,years,rate,type,row_number()over(distribute by type sort by rate
desc )as num
  from answer8_A;

select * from answer8_B;
```

id	name	years	rate	type	num
888	Land Before Tine III: The Tise of the Great Giving (1995)	1995	2.208333333335	Anination	100
631	All Dogs Go to Heaven 2 (1996)	1996	2.08	Anination	101
3054	Pok mon: The First Movie (1998)	1998	1.9779411764705863	Anination	102
244	Guabv: The Movis (1995)	1995	1.9	Anination	103
3799	Pok mon the Movie 2000 (2000)	2000	1.62	Anination	104
3945	Digison: The Movie (2000)	2000	1.488372093023255	Anination	105
919	fizard of Oz, The (1939)	1939	4.24796274738067	Chidren's	1
3114	19 20 Toy Story 2 (1999)	1999	4.21892744479495	Chidren's	2
1	Toy Story (1995)	1995	4.14684641309581	Chidren's	3
2761	Iron Giant, The (1999)	1999	4.047477744807121	Chidren's	4
1023	Tinnie the Pooh and the Blustery Day (1968)	1968	3.98642533936651	Chidren's	5
1097	E. T. the Extra-Terrestrial (1982)	1982	3.9618999559275	Chidren's	6

图 7-2-50　按照 type 分组记录每组的顺序

③从 answer8_B 中取出 num 列序号小于等于5的数据,如图7-2-51所示。

```
select a.* from answer8_B a where a.num<=5;
```

id	name	years	rate	type	num
989	Schlafes Bruder (Brother of Sleep) (1995)	1995	5.0	Draaa	2
3382	Song of Freedom (1936)	1936	5.0	Draaa	3
3245	I Am Cuba (Soy Cuba/Ya Kuba) (1964)	1964	4.8	Draaa	4
531	Lamerica (1994)	191994	4.75	Draaa	5
260	Star Wars: Episode IV -A New Hope (1977)	1977	4.453694416583082	Fantasy	1
792	Hungarian Fairy Tale, A (1987)	1987	4.0	Fantasy	2
109	E. T. the Extra-Terrestrial (1982)	1982	3.865828999559275	Fantasy	3
247	Heavenly Creatures (1994)	1994	3.81386138613	Fantasy	4
1073	Willy Tonka and the Chocolate Factory (1971)	171	4.491489361702127	Fantasy	5
922	Sunset Blvd. (a. k. a. Sunset Boulevard) (1950)	1950	4.415607985480944	Fils-Noir	1
3435	Double Indemnity (1944)	1944	4.3959731543362416	Fils-Noir	2
913	altese Fal (1941)	1941	1.339240506329114	Fils-Noir	3

图 7-2-51　小于等于5的数据

(8)各年评分最高的电影类型(年份、类型、影评分)

思路分析:

①需要按照电影类型和上映年份进行分组,按照影评分进行排序,将结果保存到 answer9_A 中需要查询的字段:上映年份 answer7_A. years、影评分 answer7_A. rate、电影类型 answer7_A. movietype。

②求 TopN,按照 years 分组,需要添加一列来记录每组的顺序,将结果保存到 answer9_B 中。

③按照 num=1 作为 where 过滤条件取出结果数据。

完整 SQL 语句:

①需要按照电影类型和上映年份进行分组,按照影评分进行排序,将结果保存到 answer9_A 中,如图7-2-52所示。

```
create table answer9_A as
select a. years as years,a. type as type,avg(a. rate)as rate
from answer8_A a
group by a. years,a. type
order by rate desc;

select * from answer9_A;
```

years	type	rate
1926	Crime	4.5
1977	Fantasy	4.453694416583082
1949	Mystery	4.452083333333333
1949	Thriller	4. 452083333333333
1957	War	4.430453323444887
1963	War	4. 413163526137444
1942	Romance	4.412822049131217
1961	Western	4. 404651162790698
1941	Film-Noir	4.395973154362416
1931	Drama	4. 387453874538745

图 7-2-52　按照影评分进行排序

②求 TopN,按照 years 分组,需要添加一列来记录每组的顺序,将结果保存到 answer9_B 中,如图 7-2-53 所示。

```
create table answer9_B as
select years,type,rate,row_number()over(distribute by years sort by rate)
as num
from answer9_A;

select * from answer9_B;
```

按照 num=1 作为 where 过滤条件取出结果数据,如图 7-2-54 所示。

```
select* from answer9_B where num=1;
```

years	type	rate	num
1919	Action	2.5	1
1919	Drasa	2.58333333333333	2
1919	Adventure	2.66666666666665	3
1919	Comedy	3.6315789473684212	4
1920	Comedy	3.666666666666665	1
1921	Action	3,7903225806451615	1
1922	Horror	3.991596638655462	1
1923	Drana	2.75	1
1923	Comedy	3.444444444444444	2
1925	Drasa	2.985042735042735	1
1925	Conede	3.9677922077922076	2

years	type	rate	num
1919	Action	2.5	1
1920	Comedy	3.666666666666665	1
1921	Action	3,7903225806451615	1
1922	Horror	3.991596638655462	1
1923	Drana	2.75	1
1925	Drasa	2.985042735042735	1

图 7-2-53　按照 years 分组记录每组的顺序　　　图 7-2-54　过滤条件取出结果

(9)每个地区最高评分的电影名,把结果存入 HDFS(地区、电影名、影评分)

思路分析:

①需要把三张表进行联合查询,取出电影 ID、电影名称、影评分、地区,将结果保存到 answer10_A 表中、需要查询的字段:电影 ID t_movie. movieid、电影名 t_movie. moviename、影评分 t_rating. rate(排序条件)、地区 t_user. zipcode(分组条件)。

②求 TopN,按照地区分组,按照平均排序,添加一列 num 用来记录地区排名,将结果保存到 answer10_B 表中。

③按照 num=1 作为 where 过滤条件取出结果数据。

完整 SQL 语句:

①需要把三张表进行联合查询,取出电影 ID、电影名称、影评分、地区,将结果保存到 answer10_A 表中,如图 7-2-55 所示。

```
create table answer10_A as
select c. movieid,c. moviename,avg(b. rate)as avgrate,a. zipcode
from t_user a
join t_rating b on a. userid=b. userid
join t_movie c on b. movieid=c. movieid
group by a. zipcode,c. movieid,c. moviename;

select t. *  from answer10_A t;
```

②求 TopN,按照地区分组,按照平均排序,添加一列 num 用来记录地区排名,将结果保存到

answer10_B 表中,如图7-2-56 所示。

```
create table answer10_B as
select movieid,moviename,avgrate,zipcode,row_number()
over(distribute by zipcode sort by avgrate)as num
from answer10_A;

select t.* from answer10_B t;
```

按照 num＝1 作为 where 过滤条件取出结果数据并保存到 HDFS 上,如图7-2-57 所示。

```
insert overwrite directory "/movie/answer10/" select t.* from answer10_B t wheret.num=1;
```

id	name	rate	zipcode
3	Grumpier old Men (1995)	4.0	0.00231
7	Sabrina (1995)	5.0	0.00231
11	American President, The (1995)	4.0	0.00231
17	Sense and Sensibility (1995).	3.0	0.00231
39	Clueless (1995)	4.0	0.00231
46	How to Make an American Quilt (1995)	3.0	0.00231
74	Bed of Roses (1996)	3.0	0.00231
105	Bridges of Madison County, The (1995)	5.0	0.00231
140	Up close and Personal (1996)	5.0	0.00231
168	First Knight (1995)	5.0	0.00231

图 7-2-55　三张表进行联合查询

id	name	avgrate	code	num
1088	Dirty Dan	5.0	0.00231	76
597	Pretty To	5.0	0.00231	77
587	Chost (195.0		0.00231	78
2786	Haunted	1.0	0.00606	1
3767	Missing ir	1.0	0.00606	2
19	Ace Venti	1.0	0.00606	3
3758	Communi	1.0	0.00606	4
2453	Boy Who	1.0	0.00606	5
3392	She-Devil	1.0	0.00606	6
3391	Tho's Tha	1.0	0.00606	7
3385	volunteer	1.0	0.00606	8
2406	Romancir	1.0	0.00606	9

图 7-2-56　平均排序

```
0: jdbc:hive2://hadoop3:10000> insert overwrite directory "/movie/answer10/" select t.* from answer10_B t where
t.num=1;
WARNING: Hive-on-MR is deprecated in Hive 2 and may not be available in the future versions. Consider using a di
fferent execution engine (i.e. spark, tez) or using Hive 1.X releases.
No rows affected (23.435 seconds)
0: jdbc:hive2://hadoop3:10000>
```

图 7-2-57　保存到 HDFS

同步训练

【实训题目】
练习、操作各项实训内容并参照综合案例进行操作。

【实训目的】
掌握 Hive 操作,可以根据实例用 Hive 来操作。

【实训内容】
①将数据导入到 Hive 表中。
②根据要求来获取需要的数据。

单元小结

通过本单元对 Hive 和企业接轨的基本练习,使学生了解了综合案例的相关操作,更加清晰地认识到了 Amazon 提供的作为 AmazonWeb 服务(AWS)的一部分就是弹性 MapReduce(EMR)。使用 EMR 可以按需组建一个由节点组成的集群,这些集群用于 Hadoop 和 Hive 的安装和配置。通过这一单元的学习,可以让学生为以后就业打下基础。

参 考 文 献

[1] 卡普廖洛,万普勒,卢森格林. Hive 编程指南[M].曹坤,译. 北京:人民邮电出版社,2013.

[2] 肖,弗. Hive 实战[M].北京:人民邮电出版社,2018.

[3] 孙帅,王美佳. Hive 编程技术与应用[M].北京:中国水利水电出版社,2018.